从新手到高手

Dreamweaver +ASP 动态网页设计

徐洪峰 / 编著

从新手到高手

清华大学出版社

北京

内 容 简 介

随着Internet技术的不断提高，越来越多的人意识到了动态网页的重要性。动态网页的编写也逐渐替代静态页面的编写，成为当今站点的主流。本书全面、翔实地介绍了使用Dreamweaver+ASP进行动态网站开发的具体方法与步骤；从网站基础知识开始，由浅入深、循序渐进，引导读者从零开始，一步步了解、掌握动态网页制作和动态网站设计的全过程；详细介绍了Dreamweaver的使用方法、ASP动态网页编程技术及数据库的基本操作和典型动态模块的创建等。

本书共分14章，主要内容包括动态网站建设基本流程，掌握网页制作工具Dreamweaver，用Photoshop设计网页图像，动态网页开发语言ASP基础与应用，使用SQL查询数据库中的数据，使用JavaScript创建特效网页，动态网页脚本语言VBScript，组建ASP动态网站的工作环境，设计制作新闻发布管理系统，设计制作留言系统，设计制作网上调查系统，设计制作搜索查询系统，设计制作会员注册管理系统，设计企业宣传网站。

本书语言简洁，实例丰富，适合网页设计与制作人员、网站建设与开发人员、大中专院校相关专业师生、网页制作培训班学员、个人网站爱好者阅读。

图书在版编目（CIP）数据

Dreamweaver+ASP 动态网页设计从新手到高手 / 徐洪峰编著 . —北京：清华大学出版社，2020.6（2024.8重印）（从新手到高手）

ISBN 978-7-302-54860-7

Ⅰ . ① D…　Ⅱ . ①徐…　Ⅲ . ①网页制作工具　Ⅳ . ① TP393.092.2

中国版本图书馆 CIP 数据核字（2020）第 022974 号

责任编辑：陈绿春
封面设计：潘国文
责任校对：胡伟民
责任印制：刘　菲

出版发行：清华大学出版社
网　　　址：https://www.tup.com.cn, https://www.wqxuetang.com
地　　　址：北京清华大学学研大厦 A 座　　　　邮　　编：100084
社 总 机：010-83470000　　　　　　　　　　　邮　　购：010-62786544
投稿与读者服务：010-62776969，c-service@tup.tsinghua.edu.cn
质 量 反 馈：010-62772015，zhiliang@tup.tsinghua.edu.cn
印 装 者：三河市龙大印装有限公司
经　　销：全国新华书店
开　　本：188mm×260mm　　　印　　张：16.25　　字　　数：485 千字
版　　次：2020 年 6 月第 1 版　　　印　　次：2024 年 8 月第 5 次印刷
定　　价：59.00 元

产品编号：081016-01

随着Internet技术的不断提高，越来越多的人意识到了动态网页的重要性。动态网页的编写也逐渐替代静态页面的编写，成为当今站点的主流。Dreamweaver将Web应用程序的开发环境同可视化创作环境结合起来，能够帮助用户快速进行Web应用程序的开发。它具有最优秀的可视化操作环境，又整合了最常见的服务器端数据库操作能力，能够快速生成专业的动态页面。

ASP因为语法简单和功能强大，同时能与Windows操作系统无缝结合，一经推出，就得到广大用户的欢迎，并迅速成为各类网站制作的主流开发环境。网络上大大小小的网站，大多采用ASP技术制作。目前，各种类型的ASP网站源代码在网络上随处可见，这样大大降低了网站制作的门槛。

主要内容

本书全面、翔实地介绍了使用Dreamweaver +ASP进行动态网站开发的具体方法与步骤；从网站基础知识开始，由浅入深、循序渐进，引导读者从零开始，一步步了解、掌握动态网页制作和动态网站设计的全过程；详细介绍了Dreamweaver的使用方法、ASP动态网页编程技术及数据库的基本操作和典型动态模块的创建等。

本书共14章，分成4部分。

第1部分：动态网站创建基础，包括动态网站建设基本流程，掌握网页制作工具Dreamweaver，用Photoshop设计网页图像。

第2部分：动态网站开发语言与环境，包括动态网页开发语言ASP基础与应用，使用SQL查询数据库中的数据，使用JavaScript创建特效网页，动态网页脚本语言VBScript，组建ASP动态网站的工作环境。

第3部分：动态网站常见模块，包括设计制作新闻发布管理系统，设计制作留言系统，设计制作网上调查系统，设计制作搜索查询系统，设计制作会员注册管理系统。

第4部分：动态网站综合案例，讲述了设计企业宣传网站的设计制作和开发过程。

主要特点

- 系统全面：本书全面系统地介绍了Dreamweaver与ASP的使用方法和技巧，通过大量实例，让读者一步步掌握动态网页的创建，真正完成从新手到高手的转变。
- 动态语言的讲解：动态网页脚本语言、ASP开发语言、SQL查询语言的使

用等，使读者能够牢固地掌握动态网站的开发原理。

● 实战性强：采用Step by Step的制作流程进行讲解，全面剖析动态网站的制作方法，使读者在短时间内轻松上手，举一反三。读者只需要根据这些操作步骤一步步地操作，即可制作出各种功能的动态网站。

● 实例丰富，效果实用：书中实例选自不同行业，全部实例均经过精心挑选，操作步骤简明清晰，技术分析深入浅出，实例效果精美实用。

● 附录超值：在附录中还有HTML常用标签、ASP函数详解、ADO对象方法属性详解、JavaScript语法手册等超值内容。

读者对象

本书适合网页设计与制作人员、网站建设与开发人员、大中专院校相关专业师生、网页制作培训班学员、个人网站爱好者阅读。

配套素材

本书的配套素材请扫描右侧的二维码，在文泉云盘下载，如果在素材下载过程中碰到问题，请联系陈老师，联系邮箱：chenlch@tup.tsinghua.edu.cn。

作者队伍

本书能够在较短的时间内出版，是和很多人的努力分不开的。在此，要感谢很多在写作的过程中给予我帮助的朋友们，他们为此书的编写和出版做了大量的工作。

本书由贵州师范大学徐洪峰教授编著，参加编写的还有孙良军、何海霞、孙素华、晁代远、何琛、何洁、何立和孙良营等。

由于作者水平有限，加之编写时间仓促，书中不足之处在所难免，欢迎广大读者批评指正。

编　者

2020年3月

第1部分

动态网站创建基础

第1章

动态网站建设基本流程

通过本章的学习可以了解静态网页与动态网页的区别、网站的前期规划、动态网站技术和开发动态网站功能模块等内容。这对以后的动态网站建设工作有很大的帮助。

技术要点

⊙ 了解动态网页和静态网页　　　　⊙ 掌握制作网页
⊙ 掌握网站的前期规划　　　　　　⊙ 掌握开发动态网站功能模块
⊙ 掌握选择网页制作软件　　　　　⊙ 掌握网站的测试与发布
⊙ 掌握动态网站技术　　　　　　　⊙ 掌握网站的推广
⊙ 掌握设计网页图像　　　　　　　⊙ 掌握网站的优化

1.1　静态网页和动态网页的区别

网页一般又称HTML文件，是一种可以在WWW上传输，能被浏览器识别和翻译成页面并显示出来的文件。网页是构成网站的基本元素，是承载各种网站应用的平台。文字与图片是构成网页的两个最基本的元素，网页的其他元素包括动画、音乐、程序等。通常看到的网页，大都是以HTM或HTML为后缀的文件。除此之外，网页文件还有以CGI、ASP、PHP和JSP为后缀的。目前根据生成方式，网页可以分为静态网页和动态网页两种。

1.1.1　静态网页

静态网页是网站建设初期经常采用的一种形式。对于静态网页，访问者只能被动地浏览网站建设者提供的网页内容。其特点如下。

➢ 网页内容不会发生变化，除非网页设计者修改了网页的内容。
➢ 不能实现和浏览网页的用户之间的交互。信息流向是单向的，即从服务器到浏览器。服务器不能根据用户的选择调整返回内容给用户。静态网页的浏览过程如图1-1所示。

图1-1　静态网页的浏览过程

1.1.2　动态网页

所谓动态网页，就是根据用户的请求，由服务器动态生成的网页。用户在发出请求后，由服务器生成的动态结果以网页的形式显示在浏览器中，在浏览器发出请求指令之前，网页中的内容其实并不存在，这就是动态名称的由来。换句话说，浏览器中看到的网页代码原先并不存在，而是由服务器生成的。根据不同人的不同需求，服务器返回的页面可能并不一致。

动态网页的最大功能是用于Web数据库系统。当脚本程序访问Web服务器端的数据库时，将得到的数据转换为HTML代码，发送给客户端的浏览器，客户端的浏览器就显示出数据库中的数据。用户要写入数据库的数据，可填写在网页的表单中，发送给浏览器，然后由脚本程序将其写入数据库中。

如图1-2所示为动态网页。

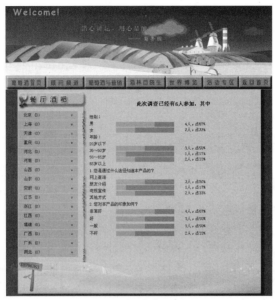

图1-2 动态网页

动态网页的一般特点如下。

➢ 动态网页以数据库技术为基础，可以大大减少网站维护的工作量。

➢ 采用动态网页技术的网站可以实现更多功能，如用户注册、用户登录、搜索查询、用户管理、订单管理等。

➢ 动态网页并不是独立存在于服务器上的网页文件，只有当用户请求时，服务器才返回一个完整的网页。

➢ 动态网页中的"?"不利于搜索引擎检索，搜索引擎一般不可能从一个网站的数据库中访问全部网页。采用动态网页的网站在进行搜索引擎推广时需要做一定的技术处理，才能适应搜索引擎的要求。

1.2 网站的前期规划

建设网站之前就应该有一个整体的战略规划和目标，规划好网页的大致外观后，就可以着手设计了。

1.2.1 确定网站目标

在创建网站时，确定站点的目标是第一步。设计者应清楚建立站点的目标，即确定它将提供什么样的服务，网页中应该提供哪些内容等。要确定站点目标，应该从以下3个方面考虑。

➢ 网站的整体定位。网站可以是大型商用网站、小型电子商务网站、门户网站、个人主页、科研网站、交流平台、公司和企业介绍性网站、服务性网站等。首先应该对网站的整体进行客观的评估，同时要以发展的眼光看待问题，否则将带来升级和更新方面的诸多不便。

➢ 网站的主要内容。如果是综合性网站，那么要涵盖新闻、邮件、电子商务、论坛等方面，这样就要求网页结构紧凑、美观大方；如果是侧重某一方面的网站，如书籍网站、游戏网站、音乐网站等，则往往对网页美工要求较高，使用模板较多，更新网页和数据库较快；如果是个人主页或介绍性的网站，一般来讲，网站的更新速度较慢，浏览率较低，并且链接较少，内容不如其他网站丰富，但对美工的要求更高一些，可以使用较鲜艳明亮的颜色，同时可以添加Flash动画等，使网页更具动感和充满活力，否则网站没有吸引力。

➢ 网站浏览者的教育程度。对于不同的浏览者，网站的吸引力是截然不同的。例如，对于少年儿童，卡通和科普性内容更符合浏览者的品味，也能够达到寓教于乐的目的；对于学生，网站的动感程度和特效技术要求更高一些；对于商务浏览者，网站的安全性和易用性更为重要。

1.2.2 规划站点结构

合理地组织站点结构，能够加快站点的设计，提高工作效率，节省工作时间。当需要创建一个大型网站时，如果将所有网页都存储在一个目录下，当站点的规模越来越大时，管理就会变得越来越困难，因此合理地使用文件夹管理文档很重要。

网站的目录是指在创建网站时建立的目录，要根据网站的主题和内容来分类规划，不同的栏目对应不同的目录，在各个栏目的目录下也要根据内容的不同划分不同的分目录，如页面图片放在images目录下，新闻放在news目录下，数据库放在database目录下等。同时，目录的层次不宜太多，一般不要超过三层。另外，给目录命名的时候要尽量使用能表达目录内容的英文或汉语拼音，这样会更便于日后的管理和维护。如图1-3所示为企业网站的站点结构图。

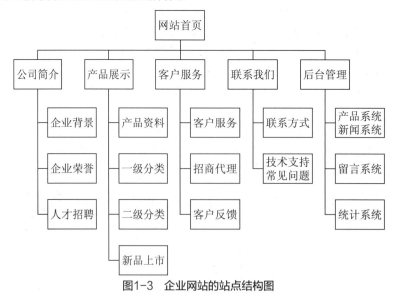

图1-3 企业网站的站点结构图

1.2.3 确定网站风格

站点风格设计包括站点的整体色彩、网页的结构、文本的字体和大小、背景的使用等，这些没有一定的限制或规则，需要设计者通过各种分析决定。

一般来说，适合网页标准色的颜色有3大系，分别是蓝色、黄/橙色、黑/灰/白色。不同的色彩搭配会产生不同的效果，并可能影响访问者的情绪。在站点整体色彩上，要结合站点目标来确定。如果是政府网站，就应大方、庄重、美观、严谨，切记不可花哨；如果是个人网站，则可以采用较鲜明的颜色，设计应简单且有个性。

如图1-4所示的购物网站，其结构紧凑，布局合理。页面文字和图片完美搭配，并且页面很有层次感，符合人们的审美观，同时页面风格是丰富多彩的。

图1-4 购物网站页面结构

1.3 选择网页制作软件

设计网页时首先要选择网页设计工具。虽然用记事本手工编写源代码也能制作网页，但这需要对编程语言相当了解，并不适合广大网页设计爱好者。目前，可视化的网页设计工具越来越多，使用也越来越方便，所以设计网页已经变成了一项轻松的工作。Flash、Dreamweaver、Photoshop这3个软件相辅相成，是设计网页的首选工具，其中Dreamweaver用来排版布局网页，Flash用来设计精美的网页动画，Photoshop用来处理网页中的图形图像。

1.3.1 图形图像制作工具——Photoshop

网页中如果只是文字，则缺少生动性和活泼性，也会影响视觉效果和整个页面的美观。因此在网页的制作过程中需要插入图像。图像是网页的重要组成元素之一。使用Photoshop可以设计出精美的网页图像。

Photoshop是Adobe公司推出的图像处理软件。目前，Photoshop已被广泛应用于平面设计、网页设计和照片处理等领域。随着计算机技术的发展，Photoshop已历经数次版本更新，功能越来越强大。如图1-5所示是Photoshop设计的网页整体图像。

图1-5　Photoshop设计的网页整体图像

1.3.2　网页动画制作工具——Flash

Flash是一款多媒体动画制作软件。它是一种交互式动画设计工具，用它可以将音乐、动画以及富有新意的界面融合在一起，以制作出高品质的动态视听效果。

由于可以实现良好的视觉效果，Flash在网页设计和网络广告中的应用非常广泛。有些网站为了追求美观，甚至将整个首页全部用Flash设计。从浏览者的角度来看，与一般的文本和图片网页相比，Flash动画大大增加了艺术效果，对于展示产品和企业形象具有明显的优越性。如图1-6所示为使用Flash制作的网页动画。

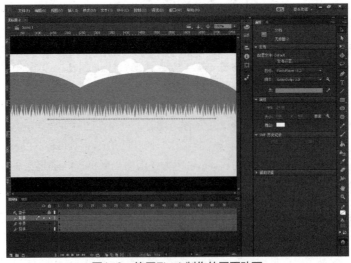

图1-6　使用Flash制作的网页动画

1.3.3　网页编辑工具——Dreamweaver

使用Photoshop制作的网页图像并不是真正的网页，要想真正成为能够正常浏览的网页，还需要用Dreamweaver进行网页排版布局，添加各种网页特效。使用Dreamweaver，还可以轻松开发新闻发布系统、网上购物系统、论坛系统等动态网页。

Dreamweaver是创建网站和应用程序的专业之选。它组合了功能强大的布局工具、应用程序开发工具和代码编辑支持工具等。Dreamweaver的功能强大，而且稳定，可帮助设计人员和开发人员轻松创建和管理任何站点，如图1-7所示为Dreamweaver中文版工作界面。

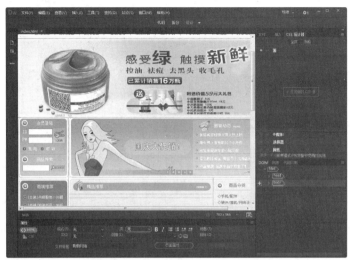

图1-7　Dreamweaver中文版工作界面

1.4　动态网站技术

仅仅学会了使用网页制作工具，还是远远不能制作出动态网站的，需要了解动态网站技术，如网页标记语言HTML、网页脚本语言JavaScript和VBScript、动态网页编程语言ASP。其中HTML网页适用于所有环境，它本身也相当简单。

1.4.1　搭建动态网站平台

动态网页大多是由网页编程语言写成的网页程序，访问者浏览的只是其生成的客户端代码。动态网页要实现其功能，大多还必须与数据库相连。

目前，国内比较流行的互动式网页编程语言有ASP、PHP、JSP、CGI、ASP.NET。其中：

➢ ASP页主流环境为Windows Server的IIS+Access/SQL Server。
➢ PHP页主流环境为Linux/Unix+Apache+MySQL+PHP4+Dreamweaver。

1.4.2　网页标记语言HTML

网页文档主要是由HTML构成。HTML（Hyper Text Markup Language）即超文本标记语言，是用来描述WWW上超文本文件的语言。用它编写的文件的扩展名是.html或.htm。

HTML不是一种编程语言，而是一种页面描述性标记语言。它通过各种标记描述不同的内容，说明段落、标题、图像、字体等在浏览器中的显示效果。在浏览器中打开HTML文件时，将依据HTML标记显示内容。

HTML能够将Internet上不同服务器上的文件连接起来；可以将文字、声音、图像、动画、视频等媒体有机地组织起来，展现给用户五彩缤纷的画面；还可以接受用户信息，与数据库相连，实现用户的查询请求等交互功能。

HTML的任何标记都由"<"和">"围起来，如<HTML><I>。在起始标记的标记名前加上符号"/"便是其终止标记，如</I>，起始标记和终止标记之间的内容受标记的控制。例如，<I>幸福永远</I>，夹在标记I之间的"幸福永远"将受标记I的控制。HTML文件的整体结构也是如此，基本的网页结构如图1-8所示。

```
<html>
<head>
<title></title>
<style type="text/css">
<!--
body {
    background-image: url(images/45.gif);
}
.STYLE1 {
    color: #EF0039;
    font-size: 36px;
    font-family: "华文新魏";
}
-->
</style></head>
<body>
<span class="STYLE1">幸福永远</span>
</body>
</html>
```

图1-8　基本的网页结构

下面介绍HTML的基本结构。

1. HTML标记

<html>标记用于HTML文档的最前边，用来标识HTML文档的开始。</html>标记恰恰相反，它放在HTML文档的最后边，用来标识HTML文档的结束，两个标记必须一块使用。

2. Head标记

<head>和</head>构成HTML文档的开头部分，在此标记对之间可以使用<title></title>、<script>

</script>等标记对，这些标记对都是描述HTML文档相关信息的标记对。<head></head>标记对之间的内容不会在浏览器中显示出来。两个标记必须一块使用。

3. Body标记

<body></body>是HTML文档的主体部分，在此标记对之间可包含<p></p>、<h1></h1>、
</br>等众多标记，它们所定义的文本、图像等将会在浏览器中显示出来，两个标记必须一起使用。

4. Title标记

在浏览器窗口最上边蓝色部分显示的文本信息是网页的"标题"。将网页的标题显示到浏览器的顶部的方法其实很简单，只要在<title></title>标记对之间加入要显示的文本即可。

1.4.3 网页脚本语言JavaScript和VBScript

使用JavaScript、VBScript等简单易懂的脚本语言，结合HTML代码，即可快速完成网站的应用程序。

脚本语言介于HTML和C、C++、Java、C#等编程语言之间。脚本是使用一种特定的描述性语言，依据一定的格式编写的可执行文件，又称作宏或批处理文件。脚本通常可以由应用程序临时调用并执行。各类脚本目前被广泛应用于网页设计中，因为脚本不仅可以缩小网页的规模，提高网页浏览速度，而且可以丰富网页的表现，如添加动画、声音等。

脚本同VB、C语言的区别主要如下。

➢ 脚本的语法比较简单，比较容易掌握。

➢ 脚本与应用程序密切相关，所以包括对应用程序自身的功能。

➢ 脚本一般不具备通用性，所能处理的问题范围有限。

➢ 脚本语言不需要编译，一般有相应的脚本引擎来解释执行。

下面通过一个简单的实例熟悉JavaScript的基本使用方法。

```
<html>
<head>
<title>JavaScript</title>
</head>
<body>
<script language="javascript">
document.write("<font size=10 color=#fchfdm>JavaScript的基本使用方法!
</font>");
</script>
</body>
</html>
```

加粗部分的代码就是JavaScript脚本的具体应用，如图1-9所示。

图1-9 JavaScript脚本

以上代码是简单的JavaScript脚本，分为3部分。第一部分是script language="javascript"，它告诉浏览器"下面的是JavaScript脚本"。开头使用<script>标记，表示这是一个脚本的开始，在<script>标记里使用language指明使用哪一种脚本，因为并不只存在JavaScript一种脚本，还有VBScript等脚本，所以这里就要用language属性指明使用的是JavaScript脚本。第二部分是JavaScript脚本，用于创建对象，定义函数或是直接执行某一功能。第三部分是</script>，用于告诉浏览器JavaScript脚本到此结束。

1.4.4 动态网页编程语言ASP

ASP（Active Server Page）意为"活动服务器网页"。ASP是微软公司开发的代替CGI脚本程序的一种应用，它可以与数据库和其他程序进行交互，是一种简单、方便的编程工具。ASP网页文件的后缀是.asp，常用于各种动态网站。ASP是一种服务器端脚本编写环境，可以用来创建和运行动态网页或Web应用程序。ASP网页可以包含HTML标记、普通文本、脚本命令以及COM组件等。利用ASP可以向网页中添加交互式内容，也可以创建使用HTML网页作为用户界面的Web应用程序。与HTML相比，ASP网页具有以下特点。

（1）利用ASP可以突破静态网页的一些功能限制，实现动态网页技术。

（2）ASP文件包含在HTML代码组成的文件中，易于修改和测试。

（3）服务器上的ASP解释程序会在服务器端制定ASP程序，并将结果以HTML格式传送到客户端浏览器上，因此使用各种浏览器都可以正常浏览ASP网页。

（4）ASP提供了一些内置对象，这些对象可以使服务器端脚本功能更强。例如，可以从Web浏览器中获取用户通过HTML表单提交的信息，并在脚本中对这些信息进行处理，然后向Web浏览器发送信息。

（5）ASP可以使用服务器端ActiveX组件来执行各种各样的任务，如存取数据库、收发E-mail或访问文件系统等。

（6）由于服务器是将ASP程序执行的结果以HTML格式传回客户端浏览器，因此使用者不会看到ASP编写的原始程序代码，可防止ASP程序代码被窃取。

1.5 设计网页图像

在确定好网站的风格和搜集完资料后，就需要设计网页图像了。网页图像设计包括Logo、标准色彩、标准字、导航条和首页布局等，可以使用Photoshop或Fireworks软件设计网站的图像。有经验的网页设计者，通常会在制作网页之前，设计好网页的整体布局，这样设计过程将会更顺利，大大节省工作时间。如图1-10所示是设计的网页图像。

图1-10　设计的网页图像

1.6 制作网页

网页制作是一个复杂而细致的过程，一定要按照先大后小、先简单后复杂的顺序制作。所谓先大后小，就是说在制作网页时，先把大的结构设计好，然后逐步完善小的结构设计。所谓先简单后复杂，就是先设计简单的内容，然后设计复杂的内容，以便出现问题时便于修改。在制作网页时要灵活运用模板和库，这样可以大大提高制作效率。如果很多网页都使用相同的版面设计，就应为这个版面设计一个模板，然后就可以以此模板为基础创建网页。以后如果想要改变所有网页的版面设计，只需简单地改变模板即可。如图1-11所示是利用Dreamweaver制作的网页。

图1-11　利用Dreamweaver制作的网页

1.7　开发动态网站功能模块

页面设计制作完成后，如果需要动态功能，就需要开发动态功能模块。网站中常用的功能模块有搜索功能、留言板、新闻发布管理系统、购物网站、技术统计、论坛及聊天室等。

1.搜索功能

搜索功能是使浏览者在短时间内，快速地从大量资料中找到符合要求的资料。这对于资料丰富的网站来说非常有用。要建立一个搜索功能，就要有相应的程序以及完善的数据库支持，可以快速地从数据库中搜索到所需要的资料。

2.留言板

留言板、论坛及聊天室为浏览者提供信息交流的地方。浏览者可以围绕个别的产品、服务或其他话题进行讨论。顾客也可以提出问题、提出咨询，或者得到售后服务。但是聊天室和论坛是比较占用资源的，一般非大中型网站没有必要建设论坛和聊天室，如图1-12所示为留言板页面。

图1-12　留言板页面

3.新闻发布管理系统

新闻发布管理系统提供方便直观的页面文字信息的更新维护界面，提高工作效率，降低技术要求，非常适合经常更新的栏目或页面，如图1-13所示是新闻发布管理系统页面。

4.购物网站

购物网站是实现电子交易的基础，用户将感兴趣的产品放入自己的购物车，可以最后统一结账。当然用户也可以修改购物车中产品的数量，甚至将产品从购物车中取出。用户选择结算后系统自动生成本系统的订单。如图1-14所示为购物网站页面。

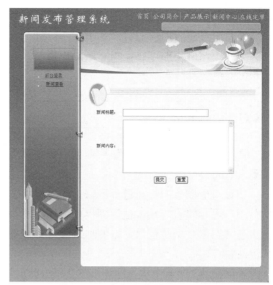

图1-13　新闻发布管理系统页面

图1-14　购物网站页面

1.8　网站的测试与发布

在将网站的内容上传到服务器之前，应先在本地站点进行完整的测试，以保证页面外观和效果、链接和页面下载时间等与设计相同。站点测试主要包括检测站点在各种浏览器中的兼容性，检测站点中是否有断掉的链接。用户可以使用不同类型和不同版本的浏览器预览站点中的网页，检查可能存在的问题。

1.8.1 网站的测试

在完成站点中页面的制作后，就应该将其发布到Internet上供大家浏览和观赏了。但是在此之前，应该对所创建的站点进行测试，对站点中的文件逐一进行检查，在本地计算机中调试网页以防止包含在网页中的错误，以便尽早发现问题并解决问题。

在测试站点过程中应该注意以下几个方面。

➢ 应确保在目标浏览器中测试站点，网页如预期一样显示和工作，没有损坏的链接，以及下载时间不宜过长等。

➢ 了解各种浏览器对Web页面的支持程度，在不同的浏览器中观看同一个Web页面，会有不同的效果。很多特殊效果，在有些浏览器中可能看不到，为此需要进行浏览器兼容性检测，以找出不被支持的部分。

➢ 检查链接的正确性，可以通过Dreamweaver提供的检查链接功能检查文件或站点中的内部链接及孤立文件。

1.8.2 域名和空间申请

域名是连接企业和互联网网址的纽带，它像品牌、商标一样具有重要的识别作用，是企业在网络上存在的标志，担负着标识站点和形象展示的双重作用。

域名对开展电子商务具有重要的作用，它被誉为网络时代的"环球商标"，一个好的域名会大大增加企业在互联网上的知名度。因此，企业如何选取好的域名十分重要。

在选取域名的时候，要遵循两个基本原则。

➢ 域名应该简明易记，便于输入。这是判断域名好坏的最重要因素。一个好的域名应该短而顺口，便于记忆，最好让人看一眼就能记住，而且读起来发音清晰，不会导致拼写错误。此外，域名选取还要避免同音异义词。

➢ 域名要有一定的内涵和意义。用有一定内涵和意义的词或词组作域名，不但有助于记忆，而且有助于实现企业的营销目标。如企业的名称、产品名称、商标名、品牌名等都是不错的选择，这样能够使企业的网络营销目标和非网络营销目标达成一致。

提示

选取域名时有以下常用技巧：
- 用企业名称的汉语拼音作为域名；
- 用企业名称相应的英文名作为域名；
- 用企业名称的缩写作为域名；
- 用汉语拼音的谐音形式给企业注册域名；
- 以中英文结合的形式给企业注册域名；
- 在企业名称前后加上与网络相关的前缀和后缀；
- 用与企业名不同但有相关性的词或词组作域名；
- 不要注册其他公司拥有的独特商标名和国际知名企业的商标名。

如果是一个较大的企业，可以建立自己的机房，配备技术人员、服务器、路由器、网络管理软件等，再向电信公司申请专线，从而建立一个属于自己的独立的网站。但这样做需要较大的投资，而且日常费用也比较高。

如果是中小型企业，可以用以下几种方法。

➢ 虚拟主机：将网站放在ISP的Web服务器上，这种方法对于一般中小型企业来说是一个经济的方案。虚拟主机与真实主机在运作上毫无区别，特别适合那些信息量和数据量不大的网站。

➢ 主机托管：如果企业的Web有较大的信息和数据量，需要很大空间时，可以采用这种方案。将已经制作好的服务器主机放在ISP网络中心的机房里，借用ISP的网络通信系统接入Internet。

1.8.3 网站的上传发布

网站的域名和空间申请完毕后，就可以上传网站了，可以采用Dreamweaver自带的站点管理上传文件。

01 执行"站点"|"管理站点"命令，弹出如图1-15所示的"管理站点"对话框。

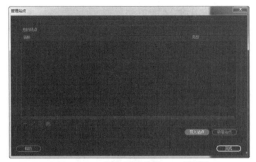

图1-15 "管理站点"对话框

02 在对话框中单击"新建站点".按钮，弹出"站点设置对象"对话框，在对话框中选择"服务器"选项卡，如图1-16所示。

图1-16 "服务器"选项卡

03 单击（＋）按钮，弹出如图1-17所示的对话框。在"连接方法"下拉列表中选择FTP，用来设置远程站点服务器的信息。

➢ 服务器名称：指定新服务器的名称。

➢ 连接方法：从"连接方法"下拉列表中，选择FTP。

➢ FTP地址：输入远程站点的FTP主机的IP地址。

➢ 用户名：输入用于连接到FTP服务器的登录名。

➢ 密码：输入用于连接到FTP服务器的密码。

➢ 测试：单击"测试"，测试 FTP 地址、用户名和密码。

➢ 根目录：在"根目录"文本框中，输入远程服务器上用于存储公开显示的文档的目录。

➢ Web URL：在Web URL文本框中，输入Web站点的URL。

图1-17 设置"远程信息"

04 设置完相关参数后，单击"保存"按钮，完成远程信息设置。在"文件"面板中单击"展开/折叠"按钮，展开"站点"管理器，如图1-18所示。

图1-18 "文件"面板

05 在站点管理器中单击"连接到远端主机"按钮，建立与远程服务器连接，如图1-19所示。

图1-19 与远程服务器连通后的网站管理窗口

连接到服务器后，按钮会自动变为闭合状态，并在一旁亮起一个小绿灯，列出远端网站的接收目录，右侧窗口显示为"本地信息"，在本地目录中选择要上传的文件，单击"上传文件"按钮，上传文件。

1.9 网站的推广

互联网的应用和繁荣提供了广阔的电子商务市场和商机，但是互联网上大大小小的各种网站数以百万计，如何让更多的人都能迅速地访问某个网站是一个十分重要的问题。企业网站建好以后，如果不进行推广，那么企业的产品与服务在网上仍然不为人所知，起不到建立站点的作用，所以企业在建立网站后即应着手利用各种手段推广自己的网站。网站的宣传有很多种方式，下面介绍一些主要的方法。

1. 注册到搜索引擎

经权威机构调查，全世界85％以上的互联网用户采用搜索引擎来查找信息，而通过其他推广形式访问网站的，占不到15％。这就意味着当今互联网上最为经济、实用和高效的网站推广形式就是注册到搜索引擎。目前，比较有名的搜索引擎主要有百度（http://www.baidu.com）、雅虎（http://www.yahoo.com.cn）、搜狐（http://www.sohu.com）、新浪网（http://www.sina.com.cn）、网易（http://www.163.com）、3721（http://www.3721.com）等。

注册时尽量详尽地填写企业网站中的信息，特别是关键词，尽量写得普遍化、大众化一些，如"公司资料"最好写成"公司简介"。

2. 交换广告条

广告交换是宣传网站的一种较为有效的方法。登录到广告交换网，填写一些主要的信息，如广告图像、网站网址等，之后会要求将一段HTML代码加入到网站中。这样广告条就可以在其他网站上出现。当然，网站上也会出现别的网站的广告条。

另外，可以跟一些合作伙伴或者朋友公司交换友情链接。当然，合作伙伴网站最好是点击率比较高的。友情链接包括文字链接和图像链接。文字链接一般就是公司的名字。图像链接包括logo链接和banner链接。logo和banner的制作跟上面的广告条一样，也需要仔细考虑怎么样去吸引客户。如果允许尽量使用图像链接，将图像设计成GIF，或者Flash动画，将公司的CI体现其中，让客户印象深刻。

3. 专业论坛宣传

Internet上各种各样的论坛都有，如果有时间，可以找一些跟公司产品相关并且访问人数比较多的论坛。注册登录并在论坛中输入公司的一些基本信息，如网址、产品等。

4. 直接向客户宣传

一个稍具规模的公司一般会有业务部、市场部或者客户服务部。可以通过业务员跟客户打交道的时候直接将公司网站的网址告诉给客户，或者直接给客户发E-mail等。

5. 不断维护更新网站

网站的维护包括网站的更新和改版。更新主要是网站文本内容和一些小图像的增加、删除或修改，总体版面的风格保持不变。网站的改版是对网站总体风格作调整，包括版面、配色等方面。改版后的网站让客户感觉改头换面，焕然一新。一般改版的周期要长些。

6. 网络广告

网络广告最常见的表现方式是图像广告，如各门户站点主页上部的横幅广告。

7. 公司印刷品

公司信笺、名片、礼品包装都要印上网址名称。让客户在记住公司名字、职位的同时，也看到并记住网址。

8. 报纸

报纸是使用传统方式宣传网址的最佳途径。

1.10 网站的优化

网站优化也叫SEO，是一种利用长期总结出的搜索引擎收录和排名规则，对网站的程序、内容、版块、布局等方面进行调整，使网站更容易被搜索引擎收录，且在搜索引擎中相关关键词的排名中占据有利的位置。

下面介绍优化网站的主要步骤。

1. 关键词优化

关键词选择错了，后面做的工作等于零。所以进行网站优化前，先要锁定自己网站的关键词。关键字、关键词和关键短语是Web站点在搜索引擎结果页面上排序时依据的词。根据站点受众的不同，可以选择一个单词、多个单词的组合或整个短语。关键词优化策略只需两步，即可在关键词策略战役中取得成功。第一步是关键词的选择：判断页面提供了什么内容；第二步是判断潜在受众可能使用哪些词来搜索页面，并根据这些词创建关键词。

2. 网站构架完善

优化网站的超链接构架，主要需要做好以下几方面。

➢ URL优化：把网站的URL优化成权重较高的URL。

➢ 相关链接：做好站内各类页面之间的相关链接，可以先利用网站的内部链接，为重要的关键词页面建立众多反向链接。

这里要特别强调，反向链接是网页和网页之间的，不是网站和网站之间的。所以网站内部页面之间相互的链接，也是相互的反向链接，对排名也是有帮助的。

3. 网站内容策略

➢ 丰富网站的内容：把网站内容丰富起来，这是非常重要的。网站内容越丰富，说明网站越专业，用户喜欢，搜索引擎也喜欢。

➢ 增加部分原创内容：因为采集系统促使制作垃圾站变成了生产垃圾站，所以完全没有原创内容的网站，尽管内容丰富，搜索引擎也不会很喜欢。一个网站尽量要有一部分原创内容。

4. 网页细节的优化和完善

➢ title和meta标签的优化：按照SEO的标准，把网站的所有title和meta标签进行合理的优化和完善，以达到合理的状态。千万不要盲目在

title中堆积关键词，这是大部分人经常犯的错误。一个真正优化的非常合理的网站，是一个看不出有刻意优化痕迹的网站。

➢ 网页排版的规划化：主要是合理地使用H1、strong、alt等标签，在网页中合理地突出核心关键词。千万不要把网页中所有图片都加上alt注释，只需要将最重要的图片加上合理的说明就可以了。

5. 建立好的导航

浏览者进入站点之后，需要用链接和好的导航将浏览者引导至站点的深处。如果一个页面对搜索友好，但是它没有到Web站点其他部分的链接，那么进入这个页面的用户就不容易在站点中走得更远。

6. 尽可能少使用Flash和图片

如果在站点的重要地方使用Flash或图片，会对搜索引擎产生不良影响。搜索引擎蜘蛛无法抓取Flash或图片里的内容。

1.11　本章小结

本章主要介绍了动态网站建设的基本流程，包括动态网页与静态网页的区别、网站的前期规划、选择网页制作软件、动态网站技术、开发动态网站功能模块、网站的测试与发布以及网站的推广等。通过本章的学习，读者可以根据自己的需要来选择合适的网页制作软件，熟悉网站的前期规划，了解动态网站技术，了解开发动态网站功能模块，掌握如何测试与发布以及推广网站，了解网站的优化等。

第2章

掌握网页制作工具Dreamweaver

Dreamweaver是集网页制作和网站管理于一身的所见即所得网页编辑器，被称为三剑客之一，利用Dreamweaver可以轻而易举地制作出精美动感的网页。它不仅是专业人员制作网站的首选工具，而且已在广大网页制作爱好者中普及。本章就来学习Dreamweaver的基本应用，并配以精美的范例，由浅入深、由点到面地全面阐明Dreamweaver的使用方法及网页制作的方法和技巧，培养实际制作网页的能力。

技术要点

- ⊙ 熟悉Dreamweaver的工作界面
- ⊙ 掌握站点的创建方法
- ⊙ 掌握图像的插入方法
- ⊙ 掌握链接的创建方法
- ⊙ 掌握表格的基本操作方法
- ⊙ 掌握添加网页特效的方法

2.1 Dreamweaver的工作界面

Dreamweaver的工作界面主要由菜单栏、文档窗口、"属性"面板和面板组等组成，如图2-1所示。

图2-1 Dreamweaver的工作界面

2.1.1 菜单栏

菜单栏主要用于显示菜单项，包括文件、编辑、查看、插入、工具、查找、站点、窗口、帮助9个菜单项，如图2-2所示。

图2-2 菜单栏

菜单栏中主要有以下菜单。

- 文件：用来管理文件，包括创建和保存文件、导入与导出文件、浏览和打印文件等。
- 编辑：用来编辑文本，包括撤销与恢复、复制与粘贴、查找与替换、参数设置和快捷键设置等。
- 查看：用来查看对象，包括代码的查看、网格线与标尺的显示、面板的隐藏和工具栏的显示等。
- 插入：用来插入网页元素，包括插入图像、多媒体、AP元素、框架、表格、表单、电子邮件链接、日期、特殊字符和标签等。
- 工具：收集了所有的附加命令项，包括应用记录、编辑命令清单、获得更多命令、插件管理器、应用源代码格式、清除HTML/Word HTML、设置配色方案、格式化表格和表格排序等。
- 查找：用来查找，包括在当前文档中查找、在文件中查找和替换、在当前文档中替换、查找下一个、查找上一个、查找所选、查找全部并选择、将下一个匹配项添加到选区、跳过并将下一个匹配项添加到选区。
- 站点：用来创建与管理站点，包括站点显示方式、新建、打开与自定义站点、上传与下载、登记与验证、查看链接和查找本地/远程站点等。
- 窗口：用来打开与切换所有面板和窗口，包括插入栏、"属性"面板、站点窗口和CSS面板等。
- 帮助：内含Dreamweaver联机帮助、注册服务、技术支持中心和Dreamweaver的版本说明。

2.1.2 文档窗口

文档窗口显示当前创建和编辑的网页文档，可以在设计视图、代码视图、拆分视图和实时视图中分别查看文档，如图2-3所示。

图2-3 文档窗口

2.1.3 "属性"面板

"属性"面板显示了文档窗口中所选中元素的属性，并允许用户在"属性"面板中对元素属性直接进行修改，选中的元素不同，"属性"面板中的内容就不同。

在"属性"面板右下角有一个三角形标记，单击该标记可以展开"属性"面板，将出现更多的扩展项，显示较多的属性设置内容。当展开"属性"面板时，右下角的三角标记变为指向上方的，单击该标记又可以重新折叠"属性"面板，恢复原先的样式，如图2-4和图2-5所示。

图2-4 展开"属性"面板

图2-5 折叠"属性"面板

2.1.4 面板组

Dreamweaver中的面板被组织到面板组中，每个面板组都可以展开和折叠，并且可以和其他面板组停靠在一起或取消停靠，面板组还可以停靠到集成的应用程序窗口中。这使得用户能够很容易地访问所需的面板，如图2-6所示。

当需要更大的编辑窗口时，可以按F4键，所有的面板都会隐藏。再按一次F4键，隐藏的面板又会在原来的位置出现。对应的命令是执行"窗口"|"显示面板（或隐藏面板）"命令，但使用快捷键更方便。

图2-6　面板组

2.2　使用站点向导创建本地站点

站点是存放和管理网站所有文件的地方，每个网站都有自己的站点。在使用Dreamweaver创建网站前，必须创建一个站点，以便更好地创建网页和管理网页文件。可以使用"站点定义向导"创建本地站点，具体操作步骤如下。

01 启动Dreamweaver，执行"站点"|"管理站点"命令，弹出"管理站点"对话框，在对话框中单击"新建站点"按钮，如图2-7所示。

图2-7　"管理站点"对话框

02 弹出"站点设置对象"对话框，在对话框中选择"站点"选项，在"站点名称"文本框中输入名称，可以根据网站的需要任意起一个名字，如图2-8所示。

图2-8　"站点设置对象"对话框

在开始制作网页之前，最好先定义一个站点，这是为了更好地利用站点对文件进行管理，也可以尽可能地减少错误，如路径出错、链接出错。新手做网页时，条理性、结构性较差，往往一个文件放这里，另一个文件放那里，或者所有文件都放在同一文件夹内。建议一个文件夹用于存放网站的所有文件，再在文件内建立几个文件夹，将文件分类，如图片文件放在images文件夹内，HTML文件放在根目录下。如果站点比较大，文件比较多，可以先按栏目分类，在栏目里再分类。

03 单击"本地站点文件夹"文本框右边的浏览文件夹按钮，弹出"选择根文件夹"对话框，选择站点文件，如图2-9所示。

图2-9　"选择根文件夹"对话框

04 单击"选择文件夹"按钮，选择站点文件后，效果如图2-10所示。

图2-10　"站点设置对象"界面

05 单击"保存"按钮，更新站点缓存，弹出"管理站点"对话框，其中显示了新建的站点，如图2-11所示。

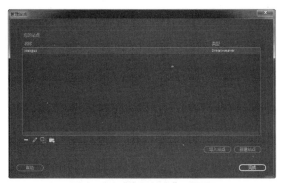

图2-11　"管理站点"对话框

06 单击"完成"按钮，此时在"文件"面板中可以看到创建的站点文件，如图2-12所示。

图2-12　创建的本地站点文件

2.3　插入图像

图像是网页中最重要的元素之一，美观的图像会为网站增添生命力，同时加深用户对网站风格的印象。

在网页中插入图像的效果如图2-13所示，具体操作步骤如下。

图2-13　插入图像的效果

01 打开网页文档，如图2-14所示。

图2-14　打开网页文档

02 将光标置于要插入图像的位置，执行"插入"|Image命令，如图2-15所示。

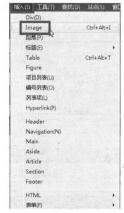

图2-15　执行Image命令

高手支招

使用以下方法也可以插入图像。

■ 执行"窗口"|"资源"命令，打开"资源"面板，在面板中单击"图像"按钮，展开图像文件夹，选定图像文件，然后用鼠标拖动到网页中合适的位置。

■ 单击"常用"插入栏中的"图像"按钮，弹出"选择图像源文件"对话框，从中选择需要的图像文件。

03 弹出"选择图像源文件"对话框，在对话框中选择图像images/xiaoguo01a.jpg，如图2-16所示。

04 单击"确定"按钮，插入图像，如图2-17所示。

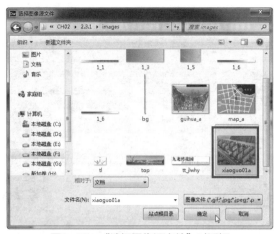

图2-16 "选择图像源文件"对话框

图2-17 插入图像

提示

如果选中的文件不在本地网站的根目录下，则弹出提示对话框，要求用户复制图像文件到本地网站的根目录下，单击"是"按钮，如图2-18所示，会弹出"复制文件为"提示框，让用户选择文件的存放位置，可选择根目录或根目录下的任何文件夹，这里建议新建一个名称为images的文件夹，今后可以把网站中的所有图像都放入到该文件夹中。

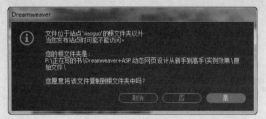

图2-18 提示对话框

指点迷津

如何加快页面图片的下载速度？

如果首页图片过少，而其他页面图片过多，为了提高效率，当访问者浏览首页时，后台进行其他页面图片的下载。方法是在首页加入<img src="tiantao.jpg" width=0 height=0>，其中width和height要设置为0，tiantao.jpg为提前下载的图片名。

05 选中图像，单击鼠标右键，在弹出的快捷菜单中执行"对齐"|"右对齐"命令，如图2-19所示。

图2-19 设置图像的对齐方式

06 执行命令后，效果如图2-20所示。在"属性"面板中也可以设置图像的属性。

图2-20 图像的对齐效果

知识要点

图像的"属性"面板中主要有以下参数。

- 图像：设置图像的名称。
- Src：指定图像的具体路径。单击按钮选择源文件或直接输入。

■ 链接：为图像设置超级链接。可以单击 ▤ 按钮选择要链接的文件，或直接输入URL路径。

■ 目标：链接时的目标窗口或框架。在其下拉列表中包括以下选项。

　　_blank：将链接的对象在一个未命名的新浏览器窗口中打开。

　　_parent：将链接的对象在含有该链接的框架的父框架或父窗口中打开。

　　_self：将链接的对象在该链接所在的同一框架或窗口中打开。_self是默认选项。

　　_new：将链接的对象在一个新浏览器窗口中打开。

　　_top：将链接的对象在整个浏览器窗口中打开，因而会替代所有框架。

■ 替换：图片的注释。当浏览器不能正常显示图像时，便在图像的位置用这个注释代替图像。

■ 编辑：启动"外部编辑器"首选参数中指定的图像编辑器，并使用该图像编辑器打开选定的图像。

■ 原始：指定在载入主图像之前应该载入的图像。

07 保存文档，按F12键在浏览器中预览效果，如图2-13所示。

2.4　创建链接

网站实际上是由很多网页组成的，那么网页之间是如何联系的呢？这就是网页的"链接"。"链接"，又称"超链接（Hyperlink）"，它作为网页间的桥梁，起着相当重要的作用。超链接是页面与页面之间的关联关系。通过单击链接，可以从一个页面跳转到另一个页面。

网页中的很多对象都可以加入"链接"的属性。在Dreamweaver中，如果以"链接"的媒介来划分，则"链接"可以分为文字链接、图像链接、图像热点链接、E-mail链接、命名锚记链接、文件下载链接等。

2.4.1　创建文字链接

在页面编辑中，链接的应用是必不可少的，文字链接是网页中最常见的页面元素。下面通过实例创建文字链接，效果如图2-21所示，具体操作步骤如下。

图2-21　创建文字链接效果

01 打开网页文档，如图2-22所示。

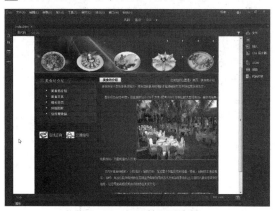

图2-22　打开的网页文档

02 选中文字"首页"，在"属性"面板中的"链接"文本框中输入shouye.html，如图2-23所示。

03 保存文档，按F12键在浏览器中预览效果，如图2-21所示。

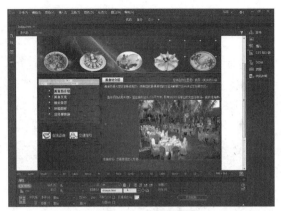

图2-23　创建链接

2.4.2　创建图像热点链接

当需要对一幅图像的特定部位进行链接时就用到热点链接。当单击某个热点时，会链接到相应的网页。矩形主要针对图像轮廓较规则，且呈方形的图像；椭圆形主要针对圆形规则的轮廓；不规则多边形则针对复杂的轮廓外形。在这里以矩形为例介绍热点链接的创建。在创建过程中，首先选中图像，然后在"属性"面板中选择热点工具，并在图像上绘制热区。

创建的图像热点链接效果如图2-24所示，具体操作步骤如下。

图2-24　创建的图像热点链接效果

01▶打开网页文档，如图2-25所示。

图2-25　打开网页文档

02▶选中图像，在"属性"面板中选择"矩形热点"工具，如图2-26所示。

图2-26　选择"矩形热点"工具

提示 📄

对于复杂的热点图像可以选择"多边形热点"工具进行绘制。

03▶将光标置于图像上要创建热点的部分，绘制一个矩形热点，在"属性"面板中的"链接"文本框中输入链接的文件，如图2-27所示。

图2-27　绘制热点

04 将光标置于其他图像上，绘制其他热点链接，如图2-28所示。

图2-28 绘制其他热点链接

05 保存文档，按F12键在浏览器中预览效果，如图2-24所示。

知识要点

热区的"属性"面板中主要有以下参数。

■ 链接：输入相应的链接地址。

■ 替代：填写说明文字以后，光标移到热点就会显示相应的说明文字。

■ 目标：不作选择，则默认在浏览器窗口打开。

2.5 表格的基本操作

在Adobe Dreamweaver CC中，表格可以用于制作简单的图表，还可用于安排网页文档的整体布局，起着非常重要的作用。

2.5.1 插入表格

Dreamweaver CC能很方便地在表格中输入数据，对表格进行修改，改变其外观和结构。可以增加、删除、拆分、合并表格的单元格、行和列，可以修改单元格、行、列以及表格的属性，实现表格的嵌套，表格与AP Div的互相转换等操作。插入表格的效果如图2-29所示。插入表格的具体操作步骤如下。

图2-29 插入表格的效果

01 打开网页文档，如图2-30所示。将光标置于要插入表格的位置，执行"插入"|Table命令，弹出"表格"对话框。

图2-30 打开网页文档

02 在对话框中将"行数"设置为6，"列"设置为4，"表格宽度"设置为450像素，"单元格边距"设置为0，"单元格间距"设置为0，如图2-31所示。

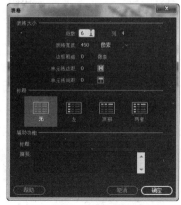

图2-31 "表格"对话框

"表格"对话框中主要有以下参数。

- 行数：在该文本框中输入新建表格的行数。
- 列：在该文本框中输入新建表格的列数。
- 表格宽度：用于设置表格的宽度，其中右边的下拉列表中包含百分比和像素。
- 边框粗细：用于设置表格边框的宽度，如果设置为0，在浏览时看不到表格的边框。
- 单元格边距：单元格内容和单元格边界之间的像素数。
- 单元格间距：单元格之间的像素数。
- 标题：可以定义表头样式，4种样式可以任选一种。
- 辅助功能：定义表格的标题。
- 标题：用来定义表格的标题。
- 摘要：用来对表格进行注释。

03 单击"确定"按钮，插入的表格如图2-32所示。

图2-32 插入的表格

2.5.2 设置表格属性

选中插入的表格，打开"属性"面板，在面板中可以设置表格的相关属性，如图2-33所示。

图2-33 表格的"属性"面板

表格的"属性"面板中主要有以下参数。

- 表格：表格的名称。
- 行和列：表格中行和列的数量。
- 宽：以像素为单位或表示为占浏览器窗口宽度的百分比。
- Cellpad：单元格内容和单元格边界之间的像素数。
- CellSpace：相邻的表格单元格间的像素数。
- Align：设置表格的对齐方式，该下拉列表中共包含4个选项，即默认、左对齐、居中对齐和右对齐。
- Border：用来设置表格边框的宽度。
- Class：对该表格设置一个CSS类。
- 用于清除行高。
- 将表格宽度由百分比转为像素。
- 将表格宽度由像素转换为百分比。
- 用于清除列宽。

2.5.3 拆分和合并单元格

1.拆分单元格

可以拆分单元格，具体操作步骤如下。

01 拆分单元格是针对于一个单元格而言的。如果要拆分单元格，首先将光标置于要拆分的单元格中，右键单击，在弹出的快捷菜单中执行"表格"|"拆分单元格"命令，如图2-34所示。

图2-34 执行"拆分单元格"命令

02 弹出"拆分单元格"对话框。在对话框中如果将"把单元格拆分成"设置为"行",下边将出现"行数"文本框,然后在文本框中输入要拆分的目标行数;如果将"把单元格拆分成"设置为"列",下边将出现"列数"文本框,然后在文本框中输入要拆分的目标列数,如图2-35所示。如图2-36所示为把当前单元格拆分为3列后的效果。

图2-35 "拆分单元格"对话框

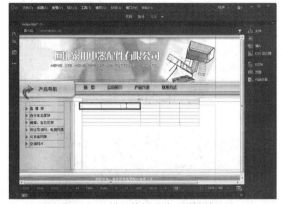

图2-36 单元格拆分为3列的效果

拆分单元格还有以下两种方法。
■ 将光标置于要拆分的单元格中,单击鼠标右键,在弹出的快捷菜单中执行"表格"|"拆分单元格"命令,弹出"拆分单元格"对话框,也可以将单元格拆分。
■ 单击"属性"面板中的"拆分单元格为行或列"按钮,这往往是创建复杂表格的重要步骤。

2. 合并单元格

如果要合并单元格,需先选中要合并的单元格,单击鼠标右键,在弹出的快捷菜单中执行"表格"|"合并单元格"命令,如图2-37所示是合并单元格后的效果。

图2-37 合并单元格后的效果

合并单元格还有以下两种方法。
■ 选中要合并的单元格,单击鼠标右键,在弹出的快捷菜单中执行"表格"|"合并单元格"命令,合并单元格。
■ 单击"属性"面板中的"合并单元格"按钮,合并单元格。

2.5.4 选取表格对象

要想对表格进行编辑,首先需要选择它,主要有以下4种方法选取整个表格。

01 将光标置于表格的任意位置,单击鼠标右键,在弹出的快捷菜单中执行"表格"|"选择表格"命令,如图2-38所示。

图2-38 执行"选择表格"命令

02 单击表格框线任意位置,即可选择表格,如图2-39所示。

图2-39　单击表格框线选择表格

03 将光标放置在表格的左上角，按住鼠标左键不放并拖动到表格的右下角，如图2-40所示。

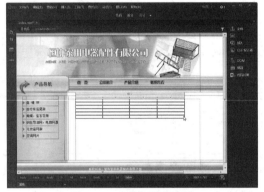

图2-40　用鼠标选择表格

04 将光标置于表格内任意位置，单击文档窗口左下角的<table>标签，如图2-41所示。

图2-41　单击<table>标签选择表格

2.6　添加网页特效

　　行为是为响应某一具体事件而采取的一个或多个动作。行为是由对象、事件和动作构成的，

当指定的事件触发时，将运行相应的JavaScript程序，执行相应的动作。

　　"调用JavaScript"行为，允许用户使用"行为"面板指定一个自定义功能，或当发生某个事件时，执行一段JavaScript代码，可以自己编写或者使用各种免费获取的JavaScript代码。下面利用"调用JavaScript"行为创建一个自动关闭的网页，如图2-42所示，具体的操作步骤如下。

图2-42　调用JavaScript

01 打开网页文档，如图2-43所示。

图2-43　打开网页文档

02 执行"窗口"|"行为"命令。打开"行为"面板，在面板中单击"添加行为"按钮，在弹出的下拉菜单中执行"调用JavaScript"命令，如图2-44所示。

图2-44　执行"调用JavaScript"命令

03 弹出"调用JavaScript"对话框，在对话框中输入window.close()，如图2-45所示。

图2-45　"调用JavaScript"对话框

04 单击"确定"按钮，添加到"行为"面板，将事件设置为onLoad，如图2-46所示。

图2-46　添加行为

05 保存文档，按F12键在浏览器中预览，效果如图2-42所示。

2.7　本章小结

　　本章首先对Dreamweaver的工作界面进行介绍，使读者对Dreamweaver有所了解。读者应着重学习图像和文字的插入、图像和文字的链接、表格的使用，这是网页制作的基础，对后面各章节的学习非常有帮助。通过对本章的学习，读者可以全面掌握如何使用Dreamweaver创建精彩的静态网页，从而为后面动态网页的学习奠定基础。

第3章

用Photoshop设计网页图像

Adobe Photoshop是当今最为流行的图像处理软件，其强大的功能和友好的界面深受广大用户的喜爱。在网页设计领域，Photoshop是不可缺少的一个设计软件。一个好的网页创意不会离开图片，只要涉及图像，就会用到图像处理软件，Photoshop理所当然就会成为网页设计工具中的一员。

技术要点

⊙ 掌握设计网站Logo　　　　　　⊙ 掌握设计网页特效文字
⊙ 掌握设计网站Banner

3.1　设计网站Logo

Logo代表整个网站乃至公司的形象，基本上会出现在整个网站的所有页面，其重要性不言而喻。现在的Logo越来越具创意性，越来越简洁，识别性也越来越强。这是互联网潮流的趋势和设计理念的动向。

3.1.1　网站Logo设计指南

很多网站都有属于自己的网站Logo。网站Logo在网站中处于非常重要的地位。

网站Logo设计有以下标准。

➢ 要与企业的CI设计一致。

➢ 要有良好的造型，Logo的题材和形式可以丰富多彩，如中外文字、图案、抽象符号、几何图形等。

➢ 设计要符合传播对象的直观接受能力、习惯、社会心理、习俗与禁忌。

➢ 构图要美观、适当、简练，讲究艺术效果，构思须巧妙、新颖，力求避免雷同或近似。

➢ 充分考虑企业标志理念的表现力、可行性。注明标志的象征意义，并提供应用于各种不同视觉传媒的形式说明、缩放比例及视觉效果说明。

➢ 遵循标志设计的美学规律，创造性地探索理想的表现形式。

➢ 色彩最好单纯、强烈、醒目，力求色彩的感性印象与企业的形象风格相符。

➢ 在进行网站Logo设计时，一定要注意Logo的外观尺寸和基本的色彩色调，这也是设计中非常重要的因素。

➢ 重视简单的原则。在Logo设计的过程当中，越是简单的设计越容易被大众接受。

3.1.2　设计网站Logo的步骤

下面介绍设计网站Logo的具体操作步骤。

01 执行"文件"|"新建"命令，打开"新建"对话框，将"宽度"设置为500像

素，"高度"设置为400像素，如图3-1所示。

图3-1　"新建"对话框

02 单击"确定"按钮，新建空白文档，如图3-2所示。

图3-2　新建空白文档

03 选择工具箱中的"自定形状工具"，在选项栏中单击形状右边的按钮，在弹出的列表中选择环形，如图3-3所示。

图3-3　选择环形

04 按住鼠标左键在舞台中绘制环形，如图3-4所示。

05 选择工具箱中的"自定形状工具"，在选项栏中选择合适的形状，在环形中间绘制形状，如图3-5所示。

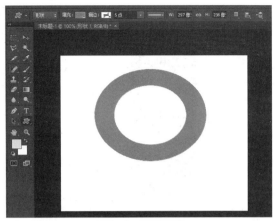

图3-4　绘制环形

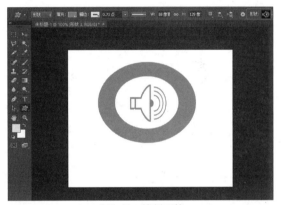

图3-5　绘制形状

06 选择工具箱中的"矩形工具"，在舞台中绘制红色的矩形，如图3-6所示。

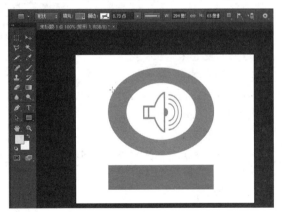

图3-6　绘制矩形

07 选择工具箱中的"横排文字工具"，在矩形上面输入文字"奥普照明"，如图3-7所示。

08 执行"文件"|"存储"命令，保存文档后的效果如图3-8所示。

图3-7　输入文字

图3-8　保存文档的效果

3.2　设计网站Banner

Banner是网站页面的横幅广告，Banner主要体现中心意旨，形象鲜明地表达最主要的情感思想或宣传中心。

3.2.1　Banner设计指南

Banner的设计原则如下。

1. 真实性原则
Banner所传播的信息要真实。Banner文案要真实准确，客观实在；要言之有物，不能虚夸，更不能伪造虚构。

2. 主题明确原则
在进行产品宣传时，要突出产品的特性，要简单明了，不能出现一些与主题无关的词语和画面。在对产品进行市场定位之后，要旗帜鲜明地贯彻广告策略，有针对性地对广告对象进行诉求，要尽量将创意文字化和视觉化。

3. 形式美原则
为了加强Banner的感染力，激发人们的审美情趣，在设计中进行必要的艺术夸张和创意，以增强消费者的印象。Banner设计制作要运用美学原理，给人以美的享受，提高Banner的视觉效果和感染力。

4. 思想性原则
Banner的内容与形式要健康，绝不能以色情和颓废的内容来吸引消费者的注意，诱发他们的购买兴趣和购买欲望。

5. 图形的位置合适
在Banner设计中，一般主体图形会按照视觉习惯放置在Banner的左侧，这样符合访问者的浏览习惯。因为在看物体的时候，人们都是按照视觉习惯，从左到右地浏览，符合这样的规律，更能吸引访问者的注意。

3.2.2　设计有动画效果的Banner

设计网页Banner的具体操作步骤如下。

01 执行“文件”|“打开”命令，打开图像文件，如图3-9所示。

图3-9　打开的图像文件

02 执行“窗口”|“时间轴”命令，打开“时间轴”面板，单击底部的“复制所选帧”按钮，复制帧，如图3-10所示。

03 执行“文件”|“置入”命令，弹出“置入”对话框，在对话框中选择要置入的文件2.jpg，如图3-11所示。

图3-10　复制帧

图3-11　选择要置入的文件

04 单击“置入”按钮，将图像文件置入，并调整置入文件的大小与原来的图像同样大，如图3-12所示。

图3-12　置入的图像

05 选择工具箱中的"横排文字工具"，在舞台中输入文本，将文本分两个图层，如图3-13所示。

图3-13　输入文本

06 选中第1帧，在"图层"面板中将2图层和"山寺桃花始盛开"图层隐藏，如图3-14所示。

图3-14　隐藏图层

07 在"时间轴"面板中单击"帧延迟时间"按钮，设置帧延迟时间为2秒，如图3-15所示。

08 将第2个帧延迟时间设置为2秒，如图3-16所示。

图3-15　设置帧延迟时间

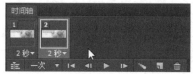

图3-16　设置帧延迟时间

09 选中第2帧，在"图层"面板中将"背景"图层和"人间四月芳菲尽"图层隐藏，如图3-17所示。

图3-17 隐藏图层

10 执行"文件"|"存储为Web所用格式"命令，弹出"存储为Web所用格式"对话框，选择GIF方式输出图像，如图3-18所示。

11 单击"存储"按钮，弹出"将优化结果存储为"对话框，在对话框中设置名称为banner.gif，格式选择"仅限图像"，如图3-19所示。

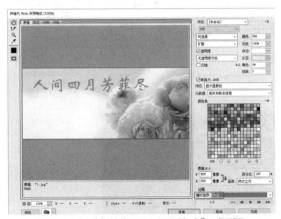

图3-18 "存储为Web所用格式"对话框　　　图3-19 "将优化结果存储为"对话框

12 单击"保存"按钮即可保存图像，如图3-20所示。

图3-20 保存图像效果

3.3 设计网页特效文字

文字特效对网页设计来说至关重要，利用Photoshop的滤镜、样式、图层、色彩调整等功能可以设计出丰富多彩的文字特效。下面介绍如何利用Photoshop制作光影绚丽的文字特效。

3.3.1 制作牛奶字

在牛奶的包装上或相关网店会见到牛奶字。下面介绍如何制作牛奶字。学会制作牛奶字，就可以制作其他类型的字体。

01 执行"文件" | "打开"命令，打开一张图片作为背景，如图3-21所示。

02 执行"窗口" | "通道"命令，打开"通道"面板，单击底部的"创建新通道"按钮，创建一个新通道，如图3-22所示。

图3-21　打开一张背景图片　　　　图3-22　创建新通道

03 选择工具箱中的"横排文字"工具，在选项栏中设置字体和字体大小，在画布上输入milk，如图3-23所示。

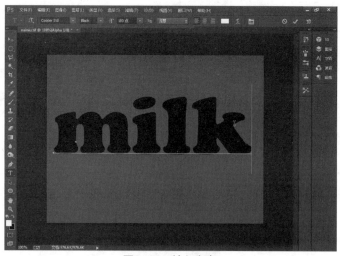

图3-23　输入文字

04 选择工具箱中的"移动工具"，这时画布中出现像素形式的"字"，如图3-24所示。

05 打开"通道"面板，复制得到"Alpha1拷贝"通道，如图3-25所示。

06 执行"滤镜" | "滤镜库"命令，在弹出的对话框中选择"艺术效果"滤镜组的"塑料包装"滤镜，在对话框中进行相应的设置，如图3-26所示。

07 单击"确定"按钮，效果如图3-27所示。

图3-24 选择工具箱中的"移动工具"后 图3-25 复制通道

 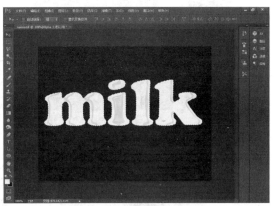

图3-26 设置"塑料包装" 图3-27 "塑料包装"效果

08 在"通道"面板中选择图层通道，效果如图3-28所示。

09 在"图层"面板中单击底部的"创建新图层"按钮，新建一个图层，如图3-29所示。

 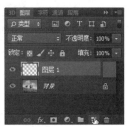

图3-28 选择图层通道 图3-29 新建图层1

10 按Alt+Delete键填充白色，如图3-30所示。

11 切换至"通道"面板，按住Ctrl键单击Alphal通道，如图3-31所示。

12 执行"选择"|"修改"|"扩展"命令，打开"扩展选区"对话框，根据情况选择扩展量，如图3-32所示。

13 回到"图层"面板中，为"图层1"添加矢量蒙版，如图3-33所示。

14 单击"图层"面板底部的"添加图层样式"按钮，在弹出的列表中选择"混合选项"，如图3-34所示。

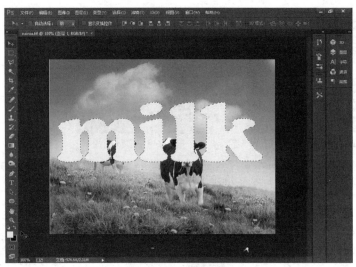

图3-30 填充白色 　　　　　　　　　　　　　　图3-31 单击Alpha1通道

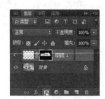

图3-32 "扩展选区"对话框 　　　图3-33 添加矢量蒙版 　　　图3-34 选择"混合选项"

15 在弹出的"图层样式"对话框中选择"投影",并根据情况设置参数,如图3-35所示。

16 选择"斜面和浮雕",在右侧设置参数,如图3-36所示。

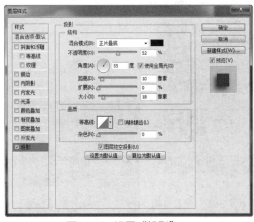

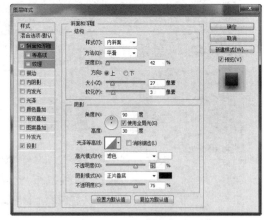

图3-35 设置"投影" 　　　　　　　　　图3-36 设置"斜面和浮雕"

17 新建"图层2",如图3-37所示。

18 在工具箱中选择"椭圆工具",在选项栏中选择"像素",模式为"正常",如图3-38所示。

19 按住Shift键,在牛奶字上绘制圆,如图3-39所示。

20 执行"滤镜"|"扭曲"|"波浪"命令,打开"波浪"对话框,在对话框中进行相应的设置,如图3-40所示。

21 单击"确定"按钮,效果如图3-41所示。

22 在"图层"面板中选择"图层2",执行"图层"|"创建剪贴蒙版"命令,如图3-42所示。

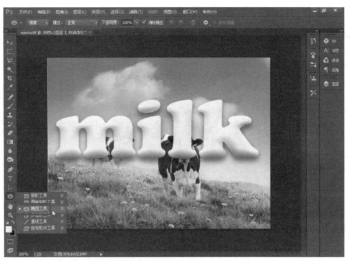

图3-37 新建图层2　　　　　　　图3-38 选择"椭圆工具"

图3-39 绘制圆　　　　　　　图3-40 "波浪"对话框

图3-41 波浪效果　　　　　　　图3-42 执行"创建剪贴蒙版"命令

23 效果如图3-43所示。

图3-43　牛奶文字

3.3.2　制作打孔字

制作打孔字的具体操作步骤如下。

01 执行"文件"|"新建"命令，弹出"新建"对话框，如图3-44所示。

图3-44　"新建"对话框

02 新建空白文档，选择工具箱中的"横排文字工具"，在文档中输入文字，如图3-45所示。

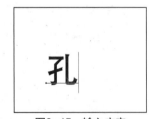

图3-45　输入文字

03 执行"窗口"|"字符"命令，打开"字符"面板，单击"颜色"后面的"设置文本颜色"，弹出"拾色器（文本颜色）"对话框，将颜色设置为#ffaoao，如图3-46所示。

04 执行"编辑"|"自由变换"命令，调整文字大小，如图3-47所示。

图3-46　设置文本颜色

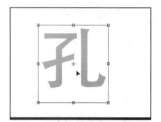

图3-47　调整文字大小

05 执行"图层"|"向下合并"命令，合并图层，然后执行"滤镜"|"模糊"|"高斯模糊"命令，弹出"高斯模糊"对话框，在对话框中进行相应的设置，如图3-48所示。

图3-48　"高斯模糊"对话框

06 执行"图像"|"调整"|"色阶"命令，弹出"色阶"对话框，将"输出色阶"右侧滑块左移少许，使文字外框显白色，如图3-49所示。

图3-49　"色阶"对话框

07 执行"滤镜"|"像素化"|"彩色半调"命令，弹出"彩色半调"对话框，如图3-50所示。

08 单击"确定"按钮，效果如图3-51所示。

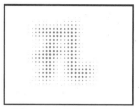

图3-50 "彩色半调"对话框　　　图3-51 彩色半调效果

09 使用工具箱中的"魔棒"工具，单击白色背景部分，然后单击"图层"面板中的"新建图层"按钮，新建一个图层，将背景填充为黑色，在工具箱中将前景色设置为黑色，按Alt+Delete键可将选区填充为黑色，如图3-52所示。

10 使用工具箱中的"矩形选框工具"，选取文字部分，执行"选择"|"反向"命令，再按Delete键删除，如图3-53所示。

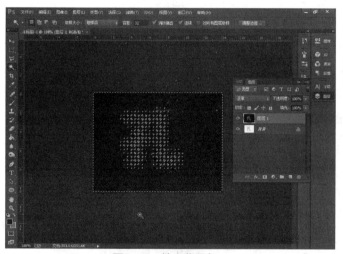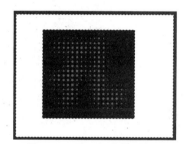

图3-52 填充背景色　　　　　　图3-53 选取部分背景执行
　　　　　　　　　　　　　　　"反向"命令

11 将前景色设置为红色，选择"图层"面板上的"背景"层，按Alt+Delete键将背景层填充为红色，如图3-54所示。

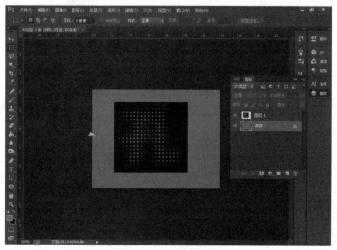

图3-54 设置背景色

12 执行"图像"|"调整"|"色相/饱和度"命令，弹出"色相/饱和度"对话框，调整明度，如图3-55所示。

13 双击文字所在的图层，弹出"图层样式"对话框，设置"内阴影"，如图3-56所示。

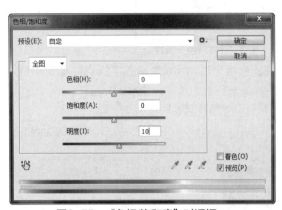

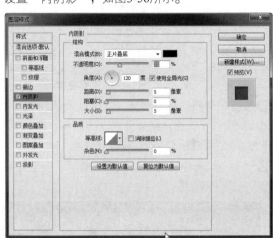

图3-55　"色相/饱和度"对话框　　　　　图3-56　设置"内阴影"

14 设置"斜面和浮雕"，如图3-57所示。

15 单击"确定"按钮，打孔字效果如图3-58所示。

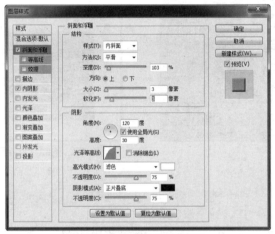

图3-57　设置"斜面和浮雕"　　　　　图3-58　打孔字效果

3.3.3　制作金属字

制作金属字的具体操作步骤如下。

01 执行"文件"|"新建"命令，弹出"新建"对话框，如图3-59所示。

02 新建空白文档，将前景色设置为#e1e0e0，背景色设置为#bdbbbb，选择工具箱中的"渐变工具"，做中心向外渐变，如图3-60所示。

03 选择工具箱中的"横排文字工具"，在文档中输入文字，如图3-61所示。

图3-59　"新建"对话框

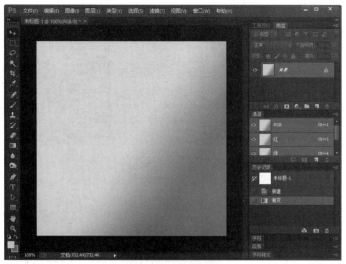

图3-60　设置渐变

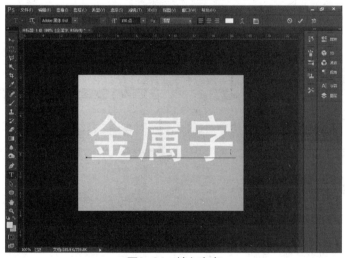

图3-61　输入文字

04 执行"图层"|"图层样式"|"斜面和浮雕"命令，弹出"图层样式"对话框，如图3-62所示。

05 单击"等高线"，设置相关参数，如图3-63所示。

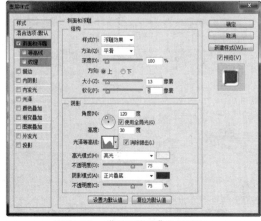

图3-62　"图层样式"对话框

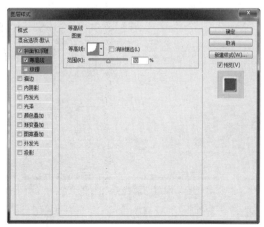

图3-63　设置"等高线"的参数

06 设置"描边"的参数，如图3-64所示。

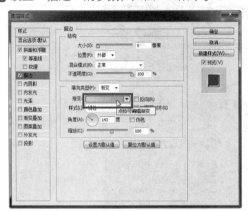

图3-64 设置"描边"的参数

07 单击"渐变"后面的"点按可编辑渐变"按钮，弹出如图3-65所示的"渐变编辑器"对话框，描边颜色从左至右设置为#b57003、#fdfec9、#b77507、#fdfec9、#b87709、#fcfbbb、#b87709。

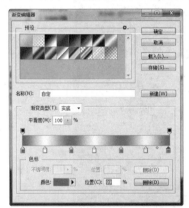

图3-65 "渐变编辑器"对话框

08 设置"颜色叠加"的参数，如图3-66所示。

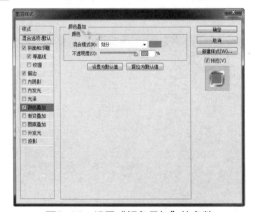

图3-66 设置"颜色叠加"的参数

09 执行"文件"|"打开"命令，打开一幅图片，如图3-67所示。

图3-67 打开图片

10 执行"编辑"|"定义图案"命令，弹出"图案名称"对话框，如图3-68所示。

图3-68 "图案名称"对话框

11 单击"确定"按钮，返回到刚才的文档中，执行"图层"|"图层样式"|"图案叠加"命令，弹出"图层样式"对话框，设置"图案叠加"的参数，如图3-69所示。

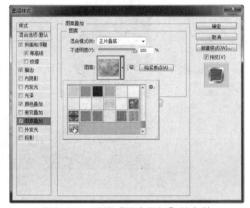

图3-69 设置"图案叠加"的参数

12 设置"外发光"的参数，如图3-70所示。

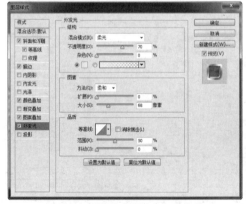

图3-70 设置"外发光"的参数

⓭设置"投影"的参数，如图3-71所示。

⓮最后的效果如图3-72所示。

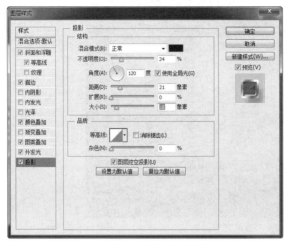

图3-71 设置"投影"的参数　　　　　　　图3-72 金属字效果

3.3.4 复制样式

以后做金属字，直接复制样式即可，具体方法为：右键单击文字层，在弹出的快捷菜单中执行"拷贝图层样式"命令，如图3-73所示。

图3-73 执行"拷贝图层样式"命令

⓵单击文字图层前面的"指示图层可见性"眼睛图标，隐藏文字图层，输入新的文字，如图3-74所示。

⓶在刚输入的文字上右击在弹出的快捷菜单中执行"粘贴图层样式"命令，如图3-75所示。

⓷效果如图3-76所示。

图3-74　输入文字

图3-75　粘贴图层样式

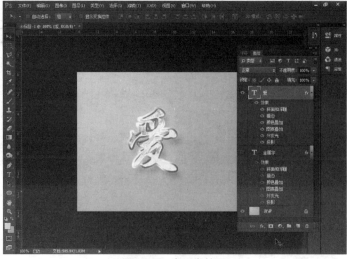

图3-76　金属字效果

第2部分

动态网站开发语言与环境

本章导读

ASP是Active Server Page的缩写，意为"活动服务器网页"。ASP是微软公司开发的代替CGI脚本程序的一种应用，它可以与数据库和其他程序进行交互，是一种简单、方便的编程工具，现在常用于各种动态网站中。它能很好地将脚本语言、HTML标记语言和数据库结合在一起，创建网站中各种动态应用程序。ASP可以使用数据库将信息资料进行收集，可以通过网页程序来操控数据库，可以随时随地发布最新的消息和内容，可以快速查找需要的信息资料。

技术要点

⊙ 了解ASP的基本概念　　　　　　⊙ 掌握ASP中内置对象的使用
⊙ 熟悉ASP连接数据库

4.1　ASP概述

ASP是嵌入网页的一种脚本语言，它可以是HTML标记、文本和脚本命令的任意组合。ASP文件名的扩展名是.asp，而不是传统的.htm。

4.1.1　ASP简介

ASP是一种服务器端脚本编写环境，可以用来创建和运行动态网页或Web应用程序。ASP网页可以包含HTML标记、普通文本、脚本命令以及COM组件等。利用ASP可以向网页中添加交互式内容，也可以创建使用HTML网页作为用户界面的Web应用程序。与HTML相比，ASP网页具有以下特点。

➤ 利用ASP可以突破静态网页的一些功能限制，实现动态网页技术。

➤ ASP文件是包含在HTML代码组成的文件中的，易于修改和测试。

➤ 服务器上的ASP解释程序会在服务器端执行ASP程序，并将结果以HTML格式传送到客户端浏览器上，因此使用各种浏览器都可以正常浏览ASP网页。

➤ ASP提供了一些内置对象，使用这些对象可以使服务器端脚本功能更强。如可以从Web浏览器中获取用户通过HTML表单提交的信息，并在脚本中对这些信息进行处理，然后向Web浏览器发送信息。

➤ ASP可以使用服务器端ActiveX组件来执行各种各样的任务，如存取数据库或访问文件系统等。

➤ 由于服务器是将ASP程序执行的结果以HTML格式传回客户端浏览器，因此使用者不会看到ASP编写的原始程序代码，可防止ASP程序代码被窃取。

下面的实例是一个基本的ASP程序。

```
<html>
<head>
<title>我的第一个ASP程序</title>
</head>
<body>
<%response.write("我的第一个ASP程序")%>
```

```
</body>
</html>
```

在浏览器中浏览效果，如图4-1所示。

图4-1　简单的ASP程序

仔细分析该程序可以看出，ASP程序共由两部分组成：一部分是HTML标题，另一部分就是嵌入<%和%>中的ASP程序。

在ASP程序中，需要将内容输出到页面上时，可以使用Response.Write()方法。

4.1.2　ASP的工作原理

如图4-2所示，ASP的工作原理分为以下几个步骤。

01 用户在浏览器地址栏中输入网址，默认页面的扩展名是.asp。

02 浏览器向服务器发出请求。

03 服务器引擎开始运行ASP程序。

04 ASP文件按照从上到下的顺序开始处理，执行脚本命令，执行HTML页面内容。

05 页面信息发送到浏览器。

图4-2　ASP的工作原理

上述步骤基本上是ASP的整个工作流程。但这个处理过程是相对简化的，在实际的处理过程中还可能会涉及诸多问题，如数据库操作、ASP页面的动态产生等。此外，Web服务器并不是接到一个ASP页面请求就重新编辑一次该页面。如果某个页面再次接收到和前面完全相同的请求，服务器会直接去缓冲区中读取编译的结果，而不是重新运行。

4.2　ASP连接数据库

数据库网页动态效果的实现，其实就是将数据库表中的记录显示在网页上。因此如何在网页中创建数据库连接，并读取数据显示，是开发动态网页的重点之一。

使用最多的是Access和SQL Server数据库，连接语句如下。

1. ASP连接Access数据库语句

```
Set Conn=Server.CreateObject("ADODB.
Connection")
  Connstr="DBQ="+server.mappath("bbs.
mdb")+";DefaultDir=;
  DRIVER={Microsoft AccessDriver
(*.mdb)};"
Conn.Open connstr
```

其中，Set Conn=Server.CreateObject("ADODB. Connection")为建立一个访问数据的对象。

server.mappath("bbs.mdb")是告诉服务器Access数据库访问的路径。

2. ASP连接SQL Server数据库语句

```
Set conn=Server.CreateObject("ADODB.
Connection")
  conn.Open"driver={SQLServer};server=2
02.108.32.94;uid=wu77445;pwd=p78022;
  database=w"
  conn open
```

其中，Set conn=Server.CreateObject("ADODB. Connection")为设置一个数据库的连接对象。driver=()告诉连接的设备名是SQL Server。server是连接的服务器的IP地址，Uid是指用户的用户名，pwd是指用户的password，database是用户数据库在服务器端的数据库的名称。

4.3　Request对象

Request对象的作用是与客户端交互，收集客户端的Form、Cookies、超链接，或者收集服务器端的环境变量。

1. 集合对象

Request提供了5个集合对象，利用这些集合可以获取不同类型的客户端发送的信息或服务器端预定的环境变量的值。

1）Client Certificate

Client Certificate用于检索存储在发送到HTTP请求中客户端证书中的字段值。它的语法如下。

```
Request.Client Certificate
```

提示

浏览器端要用https://与服务器连接，而服务器端也要设置用户需要认证，Request.ClientCertificate才会有效。

2）Cookies

Request. cookies和Response. cookies是相对的。Response. cookies是将cookies写入，而Request. cookies是将cookies的值取出。语法如下。

变量＝Request. cookies（cookies的名字）

3）Form

Form用来取得由表单发送的值。

4）Query String

Query String集合通过处理用户使用GET方法发送到服务器端的表单信息，将URL后的数据提取出来。

Query String集合语法如下。

```
Request. Query String (variable)
[(index) |.Count]
```

其中，参数的含义如下。

（1）variable：是HTTP指定要查询字符串的变量名。

（2）index：是可选参数，使用该参数可以访问某参数中多个值中的1个，它可以是1到Request. QueryString（parameter）.Count之间的任意整数。

（3）count：指明变量值的个数，可以调用Request.QueryString（variable）.Count来确定。

QueryString集合与Form集合的使用方法类似。对于客户端用GET传送的数据，使用QueryString集合提取数据，对于客户端用POST传送的数据，使用Form集合提取数据。一般情况下，大量数据使用POST方法，少量数据使用GET方法。

5）Server Variables

Server Variables用来存储环境变量及http标题（Header）。

2. 属性

Request对象只有一个属性Total Bytes，表示从客户端接收数据的字节长度，其语法格式如下。

```
Request. Total Bytes
```

3. 方法

Request对象只有一个方法Binary Read。Binary Read方法是以二进制方式来读取客户端使用POST方式传递的数据。其语法如下。

```
数组名＝Request. Binary Read（数值）
```

4. Request对象使用实例

下面通过一个实例介绍Request对象的使用方法。这里创建两个文件，一个表单提交页面1.asp，一个提交表单处理页面2.asp。

1）asp的代码如下。

```
<html>
<head>
<title>Form集合</title>
</head>
<body>
<form method="post" action="2.asp">
  <p>请输入你的姓名：
  <input name="tname" type="text"/>
  </p>
  <p>请选择你的性别：
    <select name="sex">
     <option value="man">男
     <option value="woman">女
    </select>
  </p>
  <p>
    <input type="submit" name="bs" value=
"提交" >
    <input type="reset" name="br" value=
"重写" >
  </p>
</form>
</body>
</html>
```

在浏览器中浏览效果，如图4-3所示。

图4-3　表单提交页面

2）asp的代码如下。

```
<% @language="vbscript" %>
<%  if request.form("tname")<>" "then
      dim strname,strsex
        strname=request.form("tname")
        strsex=request.form("sex")
  if strsex="man" then
        response.write("欢迎你,"+strname+"先生!")
        else
      response.write("欢迎你,"+strname+"女士!")
  end if
else
    response.write("你没有输入姓名.")
end if%>
```

在如图4-3所示的表单提交页面输入相关信息，单击"提交"按钮后，进入2.asp页面，效果如图4-4
所示。

图4-4　代码执行效果

4.4　Response对象

与Request不同，Response对象的主要功能是将数据信息从服务器端传送至客户端浏览器。

1. 集合对象

Response对象只有一个数据集合，就是Cookies。它用来在Client端写入相关数据，以便以后使用。
它的语法如下。

```
Response. Cookies(Cookies的名字)=Cookies的值
```

注意：Response.Cookies语句必须放在ASP文件的最前面，也就是<html>之前，否则将发生错误。

2. 属性

Response对象中有很多属性，如表4-1所示。

表4-1 Response对象的常见属性

属性	说明
Buffer	指定是否使用缓冲页输出
ContentType	指定响应的HTML内容类型
Expires	指定在浏览器上缓冲存储的页面距过期还有多长时间
ExpiresAbsolute	指定缓存于浏览器中的页面的确切到期日期和时间
Status	用来处理服务器返回的错误
IsClientConnected	只读属性，用于判断客户端是否能与服务器相连

3. 方法

Response对象的方法包括Write、Redirect、Clear、End、Flush、BinaryWrite、AddHeader和AppendToLog共8种，如表4-2所示为Response对象的常见方法。

表4-2 Response对象的常见方法

方法	说明
Write	将指定的字符串写到当前的HTML输出
Redirect	使浏览器立即重定向到指定的URL
Clear	清除缓冲区中的所有HTML输出
End	使Web服务器停止处理脚本，并返回当前结果
Flush	立即发送缓冲区的输出
BinaryWrite	不经任何字符转换就将指定的信息写到HTML输出
AddHeader	用指定的值添加HTML标题
AppendToLog	在Web服务器记录文件末尾加入用户数据记录

4. Response对象使用实例

Write方法是Response对象最常用的方法，它可以把数据信息从服务器端发送到客户端，在客户端动态地显示信息。下面通过实例介绍Response对象的使用。

```
<html>
<head>
<title>Response对象实例</title>
</head>
<body>
<%
dim myName
myName="我叫孙晨！"
myColor="red"
Response.Write "你好。<br>"    '直接输出字符串
Response.Write  myName & "<br>"     '输出变量
Response.Write  "<font color=" & myColor & ">我今年20岁~" & "</font><br>"
%>
</body>
</html>
```

这里使用Response.Write方法输出客户信息，在浏览器中浏览效果，如图4-5所示。

图4-5　Response对象的使用

表4-3　Server对象的常见方法

方法	说明
Mappath	将指定的相对虚拟路径映射到服务器上相应的物理目录
HTMLEncode	对指定的字符串应用HTML编码
URLEncode	将一个指定的字符串按URL的编码输出
CreateObject	用于创建已注册到服务器上的ActiveX组件的实例

4.5　Server对象

Server对象在ASP中是一个很重要的对象，许多高级功能都是靠它完成的。

Server对象的使用语法如下。

```
Server.方法|属性
```

下面对Server对象的属性和方法进行介绍。

1. 属性

ScriptTimeont属性用来限定一个脚本文件执行的最长时间。也就是说，如果脚本超过时间限度还没有被执行完毕，将会自动中止，并且显示超时错误。

其使用语法如下。

```
Server.ScriptTimeont=n
```

参数n为设置的时间，单位为s，默认的时间是90s。参数n设置不能低于ASP系统设置中的默认值，否则系统仍然会以默认值当作ASP文件执行的最长时间。

例如，将某个脚本的超时时间设为4min。

```
server.ScriptTimeout=240
```

提示

这个设置必须放在ASP文件的最前面，否则会产生错误。

2. 方法

Server对象的常见方法包括Mappath、HTMLEncode、URLEncode和CreateObject等4种。如表4-3所示为Server对象的常见方法。

4.6　Application对象

Application对象是一个应用程序级的对象，利用Application对象可以在所有用户之间共享信息，并且可以在Web应用程序运行期间持久地保存数据。

Application对象用于存储和访问来自任何页面的变量，类似于session对象。不同之处在于，所有的用户分享一个Application对象，而session对象和用户的关系是一一对应的。

1. 方法

Application对象只有两种方法，即Lock方法和UnLock方法。Lock方法主要用于保证同一时刻只有一个用户在对Application对象进行操作，也就是说，使用Lock方法可以防止其他用户同时修改Application对象的属性，这样可以保证数据的一致性和完整性。当一个用户调用一次Lock方法后，如果完成任务，应该使用UnLock方法将其解开以便其他用户能够访问。UnLock方法通常与Lock方法同时出现，用于取消Lock方法的限制。Application对象的方法及说明如表4-4所示。

表4-4　Application对象的方法

方法	说明
Lock	锁定Application对象，使得只有当前的ASP页面能对内容进行访问
Unlock	解除对Application对象上的ASP网页的锁定

Application对象储存的内容是共享的，有异常情况发生时，如果没有锁定数据，会造成数据不一致的状况发生，并导致数据的错误。Lock与Unlock的语法如下。

```
Application.lock
欲锁定的程序语句
Application.unlock
```

例如：

```
Application.lock
Application("sy")=Application("sy")+sj
Application.unlock
```

以上的sy变量在程序执行"+sj"时会被锁定，其他欲更改sy变量的程序将无法更改它，直到锁定解除为止。

2. 事件

Application对象提供了在它启动和结束时触发的两个事件，Application对象的事件及说明如表4-5所示。

表4-5　Application对象的事件

事件	说明
OnStart	当ASP启动时触发
OnEnd	当ASP结束时触发

Application-OnStart就是在Application开始时所触发的事件，而Application-OnEnd则是在Application结束时所触发的事件。这两个事件放在Global.asa中，用法与数据集合或属性的"对象.数据集合"或"对象.属性"方式不同，而是以子程序的方式存在。它们的格式如下。

```
Sub Application-OnStart
程序区域
End Sub
Sub Application-OnEnd
程序区域
End Sub
```

下面是Application对象的事件使用实例。

```
<html>
<body>
<script language=VBScript runat=
server>
Sub application-OnStart
Application("Today")=date
Application("Times")=time
End sub
</script>
</body>
</html>
```

在这里用到了Application-OnStart事件。

将两个变量放在Application-OnStart中是为了让Application对象一开始就有Today和Times这两个变量。

4.7　Session对象

可以使用Session对象存储特定客户的Session信息，即使该客户端由一个Web页面到另一个Web页面，该Session信息仍然存在。与Application对象相比，Session对象更接近于普通应用程序中的全局变量。用Session类型定义的变量可同时供打开同一个Web页面的客户共享数据，但两个客户之间无法通过Session变量共享信息，而Application类型的变量则可以实现该站点的多个用户之间在所有页面中共享信息。

在大多数情况下，利用Application对象在多用户间共享信息；而Session变量作为全局变量，用于在同一用户打开的所有页面中共享数据。

1. 属性

Session对象有两个属性，即SessionID和Timeout，如表4-6所示。

表4-6　Session对象的属性

方法	说明
SessionID	返回当前会话的唯一标志，它将自动为每一个Session分配不同的ID（编号）
Timeout	定义了用户Session对象的最长执行时间

2. 方法

Session对象只有一个方法，就是Abandon。它用来立即结束Session并释放资源。

Abandon的语法如下。

```
=Session.abandon
```

3. 事件

Session对象也有两个事件，即Session_OnStart和Session_OnEnd。其中，Session_OnStart事件是在第一次启动Session程序时触发，即当服务器接收到对ActiveServer应用程序中的URL的HTTP请求时，触发此事件并建立Session对象；Session_OnEnd事件是在调用Session.Abandon方法时，或者在Timeout的时间内没有刷新时触发。

这两个事件的用法和Application_OnStart及Application_OnEnd类似，都是以子程序的方式放在Global.asa中。语法如下：

```
Sub Session.OnStart
程序区域
End Sub
Sub Session.OnEnd
程序区域
End Sub
```

4. Session对象使用实例

下面的实例是Session的Contents数据集合的使用。

```
<%@ language="VBScript"%></head>
<%dim customer_info
dim interesting(2)
interesting(0)="上网"
interesting(1)="足球"
interesting(2)="购物"
response.write"sessionID:"&session.sessionID&"<p>"
session("用户名称")="孙晨"
session("年龄")="18"
session("证件号")="54235"
set objconn=server.createobject("ADODB.connection")
set session("用户数据库")=objconn
for each customer_info in session.contents
if isobject(session.contents(customer_info)) then
  response.write(customer_info&"此页无法显示。
"&"<br>")
  else
  if isarray(session.contents(customer_info)) then
      response.write"个人爱好:<br>"
      for each item in session.contents(customer_info)
        response.write"<li>"&item&"<br>"
      next
response.write"</ol>"
  else
    response.write(customer_info&":"&session.contents
(customer_info)&"<br>")
  end if
  end if
next%>
```

在浏览器中浏览效果，如图4-6所示。

图4-6　Session对象使用实例

本章主要介绍了ASP的基本知识，包括ASP的基本概念、ASP创建数据库连接、ASP存取数据、RecordSet对象使用等。ASP提供了可在脚本中使用的内部对象。这些对象使用户更容易收集通过浏览器请求发送的信息、响应浏览器以及存储用户信息，从而使网站开发者摆脱了很多烦琐的工作，提高了编程效率。常见的ASP内置对象有5个，本章主要介绍的ASP内置对象包括Request对象、Response对象、Server对象、Application对象和Session对象。

第5章

使用SQL语言查询数据库中的数据

本章导读

结构化查询语言（Structured Query Language，SQL）。虽然叫查询语言，但它的功能已经远远超出了查询。SQL是一种数据库查询和程序设计语言，用于存取数据以及查询、更新和管理关系数据库系统，是一种介于关系代数与关系演算之间的结构化查询语言。

技术要点

- 认识SQL
- 掌握SQL基本语法
- 掌握SQL函数
- 掌握创建和访问数据库
- 掌握定义、删除和修改表
- 掌握插入、删除和修改数据记录
- 掌握SELECT语句

5.1 认识SQL

SQL语言的功能极强，但由于设计巧妙，语言十分简洁，完成数据定义、数据操纵、数据控制的核心功能只用了9个动词。而且SQL语言的语法简单，容易学习，容易使用。

5.1.1 什么是SQL

SQL语言支持关系数据库三级模式结构，如图5-1所示。其中，外模式对应于视图（view）和部分基本表（base table），模式对应基本表，内模式对应于存储文件。

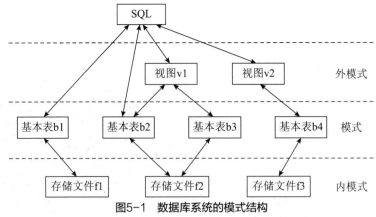

图5-1 数据库系统的模式结构

在关系数据库中，关系就是表，表又分成基本表（Base Table）和视图（View）两种，它们都是关系。基本表是实际存储在数据库中的表，是独立存在的。一个基本表对应一个或多个存储文件，一个存储文件可以存放一个或多个基本表。一个基本表可以有若干个索引，索引同样存放在存储文件中。

视图是从基本表或其他视图中导出的表，它本身不独立存储在数据库中，也就是说，数据库中只存放视图的定义面，不存放视图对应的数据，数据仍存放在导出视图的基本表中，因此视图是一个虚表。

用户可以用SQL语言对视图和基本表进行查询。从用户的角度看，视图和基本表都是关系，而存储文件对用户是透明的。

5.1.2 SQL的功能

SQL语言是一种高度非过程性的关系数据库语言，采用集合的操作方式。操作的对象和结果都是元组的集合，用户只需知道"做什么"，无须知道"怎么做"。同时，SQL语言集数据查询、数据定义、数据操纵、数据控制为一体，功能强大，得到了越来越广泛的应用，几乎所有著名的关系数据库系统（如DB2、Oracle、MySql、Sybase、SQL Server、FoxPro、Access等）都支持SQL语言。SQL已经成为关系数据库的国际性标准语言。

SQL语言主要有四大功能。

（1）数据定义语言（Data Definition Language，DDL）：DDL用于定义数据库的逻辑结构，是对关系模式一级的定义，包括基本表、视图及索引的定义。

（2）数据查询语言（Data Query Language，DQL）：DQL用于查询数据。

（3）数据操纵语言（Data Manipulation Language，DML）：DML用于关系模式中具体数据的添加、删除、修改等操作。

（4）数据控制语言（Data Control Language，DCL）：DCL用于数据访问权限的控制。

SQL语言的功能及用于实现功能的9个动词如表5-1所示。

表5-1 SQL的四大功能及9个动词

SQL功能	动词
数据定义(DDL)	CREATE、DROP、ALTER
数据查询(DQL)	SELECT
数据操纵(DML)	INSERT、UPDATE、DELETE
数据控制(DCL)	GRANT、REVOKE

5.1.3 SQL的优点

SQL语言简单易学，风格统一，利用几个简单的英语单词的组合就可以完成所有功能。在SQL Plus Worksheet环境下可以单独使用SQL语句，并且几乎可以不加修改地嵌入Visual Basic、Power Builder这样的前端开发平台，利用前端工具的计算能力和SQL的数据库操纵能力，可以快速建立数据库应用程序。SQL语言主要有以下优点。

1）非结构化语言

SQL是一个非过程化的语言，一次处理一个记录，为数据提供自动导航。SQL允许用户在高层的数据结构中工作，可操作记录集而不对单个记录进行操作。所有SQL语句接受集合作为输入，返回集合作为输出。SQL的集合特性允许一条SQL语句的结果作为另一条SQL语句的输入。SQL不要求用户指定数据的存放方法，这种特性使用户更易集中精力于要得到的结果。所有SQL语句使用查询优化器，它是关系型数据库管理系统（RDBMS）的一部分，由它决定对指定数据存取的最快手段。查询优化器知道存什么索引，哪儿使用合适，而用户不需要知道表是否有索引，表有什么类型的索引。

2）统一的语言

SQL可用于所有用户的DB活动模型，包括系统管理员、数据库管理员、应用程序员、决策支持系统人员及许多其他类型的终端用户。SQL命令只需很少时间就能学会。SQL为许多任务提供了命令，包括查询数据，在表中插入、修改和删除记录，建立、修改和删除数据对象，控制对数据和数据对象的存取，保证数据库的一致性和完整性等。

3）所有关系型数据库的公共语言

由于所有主要的RDBMS都支持SQL语言，用户可将使用SQL的技能从一个RDBMS转移到另一个RDBMS，用SQL编写的程序都是可以移植的。

5.2 T-SQL基本语法

T-SQL是微软公司在关系型数据库管理系统SQL Server中的SQL-3标准的实现，是微软对SQL的扩展，具有SQL的主要特点，同时增加了变量、运算符、函数、流程控制和注释等语言元素，使得其功能更加强大。

5.2.1 SQL的注释

当SQL语句集合变得越来越大且非常复杂时，就需要对语句进行注释。在Transact-SQL语言中可使用两种注释符，即行注释和块注释。

行注释符为--，这是ANSI标准的注释符，用于单行注释。

块注释符为/*…*/，/*用于注释文字的开头，*/用于注释文字的末尾。块注释符可在程序中标识多行文字为注释。

如下所示为块注释。

```
DECLARE @myvariable DATETIME
/* The following statements retrieve the current
date and time and extract the day of the week from
the results.
*/
SELECT @myvariable=GETDATE()
SELECT DATENAME(dw,@myvariable)
```

高手指导

注释对文档的代码而言没有任何用处；它们只在调试程序时有用。假如想临时让一部分SQL语句失去效用，可以简单地使用注释符号包含它们。当准备再次包含这些语句时，只需要删除注释符号。

5.2.2 数据类型

SQL语言是所有关系数据库通用的标准语言。Transact-SQL语言在标准SQL语言的基础上进行了功能上的扩充，Transact-SQL语言也有一些自己的特色，从而增加了用户对数据库操作的方便性和灵活性。

在SQL Server 2000中，每个变量、参数和表达式都有数据类型。所谓数据类型就是以数据的表现方式和存储方式来划分的数据的种类。SQL Server 2000中提供多种基本数据类型，如表5-2所示。

表5-2 SQL Server 2000的基本数据类型

binary	bigint	bit	char	datetime
decimal	float	image	int	money
nchar	ntext	nvarchar	numeric	real
smalldatetime	smallint	smallmoney	sql_variant	sysname
text	timestamp	tinyint	varbinary	varchar
uniqueidentifier				

其中，bigint和sql_variant是SQL Server 2000中新增的数据类型。另外，SQL Server 2000新增了table基本数据类型，该数据类型可用于存储SQL语句的结果集。table数据类型不适用于表中的列，而只能用于Transact-SQL变量和用户定义函数的返回值。

1. 二进制数据类型

二进制数据类型用于存储二进制数据，包括binary型、varbinary型和image型。

1）binary型

binary型是固定长度的二进制数据类型，其定义形式为binary（n）。其中，n表示数据的长度，取值为1～8000。在使用时应指定binary型数据的大小，默认值为1字节。binary类型的数据占用n+4字节的存储空间。

在输入数据时，必须在数据前加上字符0X作为二进制标识。例如，要输入abc，则应输入0Xabc。若输入的数据位数为奇数，则系统会自动在起始符号0X的后面添加一个0。如上述输入0Xabc后，系统会自动变为0X0abc。

2）varbinary型

varbinary型是可变长度的二进制数据类型，其定义形式为varbinary（n）。其中，n表示数据的长度，取值为1～8000。如果输入的数据长度超出n的范围，则系统会自动截掉超出部分。

varbinary型具有变动长度的特性，因为varbinary型数据的存储长度为实际数值长度+4字节。当binary型数据允许null值时，将被视为varbinary型的数据。

一般情况下，由于binary型的数据长度固定，因此它比varbinary型的数据处理速度快。

3）image型

image型的数据也是可变长度的二进制数据，通常用于存放图像。其最大长度为$2^{31}-1$字节。

2. 字符数据类型

字符数据类型是使用最多的数据类型，它可以用来存储各种字母、数字符号、特殊符号等。一般情况下，使用字符类型数据时，须在数据的前后加上单引号或双引号。字符数据类型包括char型、nchar型、varchar型和nvarchar型。

1）char型

char型是固定长度的非Unicode字符数据类型，在存储时每个字符和符号占用1字节的存储空间。其定义形式为char[（n）]，其中n表示所有字符所占的存储空间，取值为1～8000，即可容纳8000个ANSI字符，默认值为1。若输入的数据字符数小于n定义的范围，则系统自动在其后添加空格来填满设定好的空间；若输入的数据字符数超过n定义的范围，则系统自动截掉超出部分。

2）nchar型

nchar型是固定长度的Unicode字符数据类型，由于Unicode标准规定在存储时每个字符和符号占用2字节的存储空间，因此nchar型的数据比char型数据多占用一倍的存储空间。其定义形式为nchar[（n）]，其中n表示所有字符所占的存储空间，取值为1～4000，即可容纳4000个Unicode字符，默认值为1。

使用Unicode标准字符集的好处是由于它使用两个字节作存储单位，使得一个存储单位的容量大大增加，这样就可以将全世界的语言文字都囊括在内。当用户在一个数据列中同时输入不同语言的文字符号时，系统不会出现编码冲突。

3）varchar型

varchar型是可变长度的非Unicode字符数据类型。其定义形式为varchar[（n）]。它与char型类似，n的取值范围是1～8000。由于varchar型具有可变长度的特性，所以varchar型数据的存储长度为实际数值的长度。如果输入数据的字符数小于n定义的长度，系统也不会像char型那样在数据后面用空格填充；但是如果输入的数据长度大于n定义的长度，系统会自动截掉超出部分。

一般情况下，由于char型的数据长度固定，因此它比varchar型数据的处理速度快。

4）nvarchar型

nvarchar型是可变长度的Unicode字符数据类型，其定义形式为nvarchar[（n）]。由于它采用了Unicode标准字符集，因此n的取值范围是1～4000。nvarchar型的其他特性与varchar类型相似。

3. 日期和时间数据类型

日期和时间数据类型代表日期和一天内的时间，包括datetime型和smalldatetime型。

1）datetime型

datetime型是用于存储日期和时间的结合体的数据类型。datetime型数据所占用的存储空间为8字节，其中前4字节用于存储1900年1月1日以前或以后的天数，数值分正负，正数表示在此日期之后的日期，负数表示在此日期之前的日期；后4字节用于存储从此日零时起所指定的时间经过的毫秒数。如果在输入时省略了时间部分，则系统将默认为12:00:00:000AM；如果省略了日期部分，系统将默认为1900年1月1日。

datetime型用于定义一个与采用 24 小时制并带有秒小数部分的一日内时间相组合的日期。日期范围为1753年1月1日到9999年12月31日，时间范围为00:00:00 到 23:59:59.997。通常，日期常量可用单引号定界。

例如：

```
declare @d datetime
set @d='1980/11/1 5:20:29.121'
select * from student where
sBirthdate<@d
```

2）smalldatetime型

smalldatetime型与datetime型相似，但其存储的日期时间范围较小，从1900年1月1日到2079年6月6日。它的精度也较低，只能精确到分钟级，其分钟个位上的值是根据秒数并以30s为界四舍五入得到的。

Smalldatetime型数据所占用的存储空间为4字节，其中前2字节存储从基础日期1900年1月1日以来的天数，后2字节存储此日零时起所指定的时间经过的分钟数。

4. 整数数据类型

整数型数据包括bigint型、int型、smallint型和

tinyint型。

1）bigint型

bigint型数据的存储大小为8字节，共64位。其中63位用于表示数值的大小，1位用于表示符号。bigint型数据可以存储的数值范围是$-2^{63} \sim 2^{63}-1$。

2）int型

int型数据的存储大小为4字节，共32位。其中31位用于表示数值的大小，1位用于表示符号。int型数据存储的数值范围是$-2^{31} \sim 2^{31}-1$，即$-2\,147\,483\,648 \sim 2\,147\,483\,647$。

3）smallint型

smallint型数据的存储大小为2字节，共16位。其中15位用于表示数值的大小，1位用于表示符号。smallint型数据存储的数值范围是$-2^{15} \sim 2^{15}-1$，即$-32\,768 \sim 32\,767$。

4）tinyint型

tinyint型数据的存储大小只有1字节，共8位，全部用于表示数值的大小，由于没有符号位，tinyint型的数据只能表示正整数。tinyint型数据存储的数值范围是$-2^7 \sim 2^7-1$，即$-256 \sim 255$。

5. 浮点数据类型

浮点数据类型用于存储十进制小数。在SQL Server 2000中，浮点数值的数据采用上舍入的方式进行存储，也就是说，要舍入的小数部分不论其大小，只要是一个非零的数，就要在该数字的最低有效位上加1，并进行必要的进位。由于浮点数据为近似值，因此并非数据类型范围内的所有数据都能精确地表示。

浮点数据类型包括real型、float型、decimal型和numeric型。

1）real型

real型数据的存储大小为4字节，可精确到小数点后第7位。这种数据类型的数据存储范围是从$-3.40E+38 \sim -1.18E-38$，0和$1.18E-38 \sim 3.40E+38$。

2）float型

float型的数据存储大小为8字节，可精确到小数点后第15位。这种数据类型的数据存储范围为从$-1.79E+308 \sim -2.23E-308$，0和$2.23E+308 \sim 1.79E+308$。

float型的数据可写成float[（n）]的形式。其中n是1～15的整数值，指定float型数据的精度。当n为1～7时，实际上用户定义了一个real型的数据，系统用4字节存储；当n为8～15时，系统认为它是个float型的数据，用8字节存储它。这样既增强了数据定义的灵活性，又节省了空间。

3）decimal型

decimal数据类型和numeric数据类型的功能完全一样，它们都可以提供小数所需要的实际存储空间，但也有一定的限制，用户可以用2～17字节来存储数据，取值范围是$-10^{38}+1 \sim 10^{38}-1$。

decimal型数据和numeric型数据的定义格式为decimal[（p,[s]）]和numeric[（p,[s]）]。其中，p表示可供存储的值的总位数（不包括小数点），默认值为18；s表示小数点后的位数，默认值为0；参数之间的关系是$0 \leq s \leq p$。例如，decimal（15,5）表示共有15位数，其中整数10位，小数5位。

6. 逻辑数据类型

逻辑数据类型只有一种bit型。bit数据类型只占用1字节的存储空间，可以取值为1、0或NULL的整数数据类型。字符串值true和false可以转换为不同的bit值。true转换为1，false转换为0。非0数值转化为1。

例如下面的实例。

```
declare @a bit
set @a='true'
select @a
```

7. 文本数据类型

文本数据类型是用于存储大量非Unicode和Unicode字符以及二进制数据的固定长度和可变长度数据类型，包括text型、ntext型。

1）text型

text型是用于存储大量非Unicode文本数据的可变长度数据类型，其容量理论上为$2^{31}-1$（$2\,147\,483\,647$）字节。在实际应用时需要视硬盘的存储空间而定。

在SQL Server 2000以前的版本中，数据库中一个text对象存储的实际上是一个指针，它指向一个以8KB为单位的数据页。这些数据页是动态增加并被逻辑连接起来的。在SQL Server 2000中，则将text和image型的数据直接存放到表的数据行中，而不是存放到不同的数据页中。这样就减少了用于存储text和image类型的空间，并相应减少了磁盘处理这类数据的I/O数量。

2）ntext型

ntext型是用于存储大量Unicode文本数据的可变长度数据类型，其理论容量为$2^{30}-1$（1 073 741 823）字节。ntext型的其他用法与text型基本一样。

8. 货币数据类型

货币数据类型用于存储货币或现金值，包括money型和smallmoney型。在使用货币数据类型时，应在数据前加上货币符号，以便系统辨识其为哪国的货币，如果不加货币符号，则系统默认为￥。

1）money型

money型是一个有4位小数的decimal值，其取值为$-2^{63}\sim2^{63}-1$，精确到货币单位的千分之十。存储大小为8字节。

2）smallmoney型

smallmoney型货币数据值为-2 147 483 648～+2 147 483 647，精确到货币单位的千分之十。存储大小为4字节。

例如，从表中读取数据赋予变量并显示，代码如下。

```
declare @a smallmoney
select @a=jbgz from gz where id='1001'
select @a
```

5.2.3　SQL变量

变量是指在程序运行过程中，其值可以发生变化的量，通常用来保存程序运行过程中的输入数据，计算获得的中间结果和最终结果。变量对于一种语言来说是必不可少的组成部分。Transact-SQL语言允许使用两种变量：一种是用户自己定义的局部变量（Local Variable），另一种是系统提供的全局变量（Global Variable）。

1. 局部变量

局部变量是一个能够拥有特定数据类型的对象，它的作用范围仅限制在程序内部。局部变量可作为计数器来计算循环执行的次数，或控制循环执行的次数。另外，利用局部变量还可以保存数据值，以供控制流语句测试以及保存由存储过程返回的数据值等。

和其他高级语言一样，要使用局部变量，必须在使用前用DECLARE语句定义，并且指定变量的数据类型，然后可以使用SET或SELECT语句为变量初始化；局部变量必须以@开头，而且必须先声明后使用。其声明格式如下。

```
DECLARE @变量名 变量类型[,@变量名 变量类型…]
```

其中，变量类型可以是SQL Server 2000支持的所有数据类型，也可以是用户自定义的数据类型。

局部变量不能使用"变量=变量值"的格式进行初始化，必须使用SELECT或SET语句来设置其初始值。初始化格式如下。

```
SELECT @局部变量=变量值
SET @局部变量=变量值
```

例如，在student数据库中使用名为@find的局部变量查找所有以li开头的学生信息，代码如下。

```
USE student
DECLARE @find varchar(30)
SET @find = 'li%'
SELECT Student_lname, Student_fname
from authors WHERE Student_lname LIKE @li
```

执行结果如下。

```
Student_lname   Student_fname
--------------------------------------------
lier        Albert
liger       Anne
```

2. 全局变量

全局变量是SQL Server系统内部使用的变量，其作用范围并不仅仅局限于某一程序，而是任何程序均可以随时调用。全局变量通常存储一些SQL Server的配置设定值和统计数据。用户可以在程序中用全局变量来测试系统的设定值或Transact-SQL命令执行后的状态值。引用全局变量时，全局变量的名字前面要有两个标记符@@。不能定义与全局变量同名的局部变量。从SQL Server 7.0开始，全局变量就以系统函数的形式使用。

①全局变量不是由用户的程序定义的，而是在服务器级定义的。

②用户只能使用预先定义的全局变量。

③引用全局变量时，必须以标记符@@开头。

④局部变量的名称不能与全局变量的名称相同。

5.2.4 SQL运算符

运算符能够用来执行算术运算、字符串连接、赋值，以及在字段、常量和变量之间进行比较。在SQL Server 2000中，运算符主要有6类，即算术运算符、赋值运算符、位运算符、比较运算符、逻辑运算符、字符串串联运算符以及一元运算符。

1. 算术运算符

算术运算符可以在两个表达式上执行数学运算，这两个表达式可以是数字数据类型分类的任何数据类型。算术运算符包括加（+）、减（–）、乘（*）、除（/）和取模（%）。

2. 赋值运算符

赋值运算符的作用是能够将数据值指派给特定的对象。Transact-SQL有一个赋值运算符，即等号（=）。

例如，下面的代码创建了@Counter变量，然后赋值运算符将@Counter设置成一个由表达式返回的值。

```
DECLARE @Counter INT
SET @Counter = 1
```

3. 位运算符

位运算符在两个表达式之间执行位操作，这两个表达式可以是任意两个整型数据类型的表达式。位运算符的符号及其含义如表5-3所示。

表5-3 位运算符

运算符	含义
&（按位AND）	按位与（两个操作数）
|（按位OR）	按位或（两个操作数）
^（按位互斥OR）	按位异或（两个操作数）
~（按位NOT）	按位取反（一个操作数）

位运算符的操作数可以是整型或二进制字符串数据类型中的任何数据类型（但image数据类型除外），此外，两个操作数不能同时是二进制字符串数据类型中的某种数据类型。

4. 比较运算符

比较运算符用来测试两个表达式是否相同。除了text、ntext或image数据类型的表达式外，比较运算符可以用于所有有表达式。比较运算符的符号及其含义如表5-4所示。

表5-4 比较运算符

运算符	含义
=	等于
>	大于
<	小于
>=	大于等于
<=	小于等于
<>	不等于
!=	不等于（非SQL-92标准）
!<	不小于（非SQL-92标准）
!>	不大于（非SQL-92标准）

比较运算符的结果是布尔数据类型，它有三种值，即TRUE、FALSE和NULL。那些返回布尔数据类型的表达式被称为布尔表达式。

5. 逻辑运算符

逻辑运算符用来对某个条件进行测试，以获得其真实情况。逻辑运算符和比较运算符一样，返回带有TRUE或FALSE值的布尔数据类型。逻辑运算符的符号及其含义如表5-5所示。

表5-5 逻辑运算符

运算符	含义
ALL	如果一系列的比较都为TRUE，那么就为TRUE
AND	如果两个布尔表达式都为TRUE，那么就为TRUE
ANY	如果一系列的比较中任何一个为TRUE，那么就为TRUE
BETWEEN	如果操作数在某个范围之内，那么就为TRUE
EXISTS	如果子查询包含一些行，那么就为TRUE

续表

运算符	含义
IN	如果操作数等于表达式列表中的一个，那么就为TRUE
LIKE	如果操作数与一种模式相匹配，那么就为TRUE
NOT	对任何其他布尔运算符的值取反
OR	如果两个布尔表达式中的一个为TRUE，那么就为TRUE
SOME	如果在一系列比较中，有些为TRUE，那么就为TRUE

6. 字符串运算符

字符串运算符允许通过加号(+)进行字符串串联。例如，对于语句SELECT'abc'+'xyz'，其结果为abcxyz。

7. 一元运算符

一元运算符只对一个表达式执行操作，该表达式可以是numeric数据类型类别中的任何一种数据类型。一元运算符的符号及其含义如表5-6所示。

表5-6 一元运算符

运算符	含义
+（正）	数值为正
-（负）	数值为负
~（按位NOT）	返回数字的补数

8. 运算符的优先级

运算符的优先等级从高到低如下所示。

（1）括号：()

（2）乘、除、求模运算符：*、/、%

（3）加减运算符：+、-

（4）比较运算符：=、>、<、>=、<=、<>、!=、!>、!<

（5）位运算符：^、&、|

（6）逻辑运算符：NOT

（7）逻辑运算符：AND

（8）逻辑运算符：OR

5.2.5 SQL流程控制

SQL语言提供了一些可用于改变语句执行顺序的命令，这些命令称为流程控制语句。流程控制语句允许用户更好地组织存储过程中的语句，方便地实现程序的功能。流程控制语句与常见的程序设计语言类似，主要包含以下几种。

1. IF…ELSE语句

```
IF <条件表达式>
    <命令行或程序块>
[ELSE [条件表达式]
    <命令行或程序块>]
```

其中，<条件表达式>可以是各种表达式的组合，但表达式的值必须是"真"或"假"。ELSE子句是可选的。IF…ELSE语句用来判断当某一条件成立时执行某段程序，条件不成立时执行另一段程序。如果不使用程序块，IF或ELSE只能执行一条命令。IF…ELSE可以嵌套使用，最多可嵌套32级。

2. BEGIN…END语句

```
BEGIN
    <命令行或程序块>
END
```

BEGIN…END用来设置一个程序块，该程序块可被视为一个单元执行。BEGIN…END经常在条件语句中使用，如IF…ELSE语句。如果IF或ELSE子句为真，想让程序执行其后的多条语句，这时就要把多条语句用BEGIN…END括起来，使之成为一个语句块。在BEGIN…END语句中可以嵌套另外的BEGIN…END语句来定义另一程序块。

3. CASE语句

CASE语句根据满足的条件直接选择多项顺序语句中的一项执行。

```
CASE<运算式>
    WHEN<运算式>THEN<运算式>
    …
WHEN<运算式>THEN<运算式>
    [ELSE<运算式>]
END
```

例如，在student数据库中查询每个学生居住地的名称，可以使用如下代码实现。

```
SELECT fname, lname,
  CASE stateName
    WHEN 'SH' THEN '上海'
    WHEN 'BJ' THEN '北京'
```

```
        WHEN 'TJ' THEN '天津'
        WHEN 'NJ' THEN '南京'
        WHEN 'WH' THEN '武汉'
        WHEN 'SY' THEN '沈阳'
        WHEN 'GZ' THEN '广州'
        END AS StateName
FROM student.dbo.students
ORDER BY lname
```

执行结果：

```
fname      lname            StateName
--------   ---------------  ----------
Abraham    Bennet           北京
Reginald   Blotchet-Halls   上海
Cheryl     Carson           广州
```

4. WHILE…CONTINUE…BREAK语句

```
WHILE<条件表达式>
BEGIN
        <命令行或程序块>
        [BREAK]
        [CONTINUE]
        [命令行或程序块]
END
```

WHILE语句在设置的条件为真时会重复执行命令行或程序块。CONTINUE语句可以让程序跳过CONTINUE语句之后的语句，回到WHILE循环的第一行。BREAK语句则让程序完全跳出循环，结束WHILE循环的执行。WHILE语句也可以嵌套使用。

指点迷津

如果嵌套了两个或多个WHILE循环，内层的BREAK语句将导致退出到下一个外层循环。首先运行内层循环结束之后的所有语句，然后下一个外层循环重新开始执行。

5.3 SQL函数

在T-SQL语言中，函数被用来执行一些特殊的运算以支持SQL Server的标准命令。下面介绍一些常见的函数。

（1）AVG：计算平均数，格式如下。

```
AVG(expr)
```

expr:字段名称或表达式。

【例】若要计算身高超过170的学生的平均身高，可以利用下面的SQL语句来完成。

```
SELECT Avg(身高)
AS 平均身高
FROM 学生表格 WHERE 身高>170
```

（2）COUNT：计算记录条数，格式如下。

```
COUNT(expr)
```

expr：字段名称或表达式。

【例】若要统计学校语文老师的人数，并查询老师的姓名，可以利用下面的程序完成。

```
SELECT Count(姓名) AS 老师姓名
FROM 老师表格
WHERE 部门名称='语文';
```

（3）FIRST与LAST：返回某字段的第一条数据与最后一条数据，格式如下。

```
FIRST(expr)
LAST(expr)
```

expr：字段名称或表达式。

【例】若要找出商品数量字段的第一条数据与商品价格字段的最后一条数据，可以利用下面的查询方式完成。

```
SELECT FIRST(商品数量),LAST(商品价格)
FROM 商品表格
```

（4）MAX与MIN：返回某字段的最大值与最小值，用法同FIRST与LAST。

（5）SUM：返回某特定字段或是运算的总和数值，格式如下。

```
SUM(expr)
```

expr：字段名称或表达式。

【例】要计算出商品总价，可使用下面的程序。

```
SELECT
Sum(单价*数量)
AS 商品总价 FROM 订单表格
```

5.4 创建和访问数据库

从物理结构上讲，每个数据库都包含数据文件和日志文件。开始使用数据库前，必须先创建数据库，以便生成这些文件。创建数据库后，还要知道如何访问数据库。

5.4.1 利用create database语句创建数据库

可以使用Transact-SQL语言提供的create database语句来创建数据库。下面首先介绍create database语句的语法。

（1）基本语法

```
create database database_name
    [ON
        [PRIMARY ] [ <filespec> [ ,...n ]
        [, <filegroup> [ ,...n ] ]
    [LOG ON { <filespec> [ ,...n ] } ]
    ]
]
```

（2）说明
PRIMARY
指定关联的<filespec>列表定义主文件。在主文件组的<filespec>项中指定的第一个档将成为主档。一个数据库只能有一个主文件。

<filespec>
设置数据文件的逻辑名、存储路径、大小等特性。

<filegroup>
设置档组及组内档，其格式如下。

```
FILEGROUP filegroup_name <filespec> [,...n ]
```

LOG ON {<filespec> [,...n]}
指定数据库日志文件。

【例】下面创建数据库。

```
create database DBTest              -- 创建数据库
on
primary
(
    name=DBTest,
    filename='e:\mydata\DBTest.mdf',  -- 指定关联的
列表定义主文件
    size=3mb,
    maxsize=50mb,
    filegrowth=1mb
)
log on
(
    name=DBTest_log,
    filename='e:\mydata\DBTest.ldf',  -- 指定数据库
日志文件
    size=3mb,
    maxsize=50mb,
    filegrowth=1mb
)
```

5.4.2 用use语句打开数据库

【例】使用use语句打开数据库。

```
Use Database1
Go
Select * from t1
Use database2
Go
Select * from t2
```

说明：通常在use语句后跟上go语句，表示前后为两个批处理。

5.5 定义、删除和修改表

一个典型的关系型数据库通常由一个或多个被称作表的对象组成。数据库中的所有数据或信息都被保存在这些表中。数据库中的每一个表都具有自己唯一的表名称，都是由行和列组成，其中每一列包括该列名称、数据类型、列的其他属性等信息，而行则具体包含某一列的记录或数据。下面介绍表的定义、删除和修改等基本操作。

5.5.1 利用create table定义表

建立数据库最重要的一步就是定义一些基本表。下面要介绍如何利用SQL命令来建立一个数据库中的表，其一般格式如下。

```
CREATE TABLE<表名>(
```

```
<列名><数据类型>[列级完整性约束条件]
    [,<列名><数据类型>[列级完整性约束
条件]...]
    [,<表级完整性约束条件>])
```

说明

<列级完整性约束条件>

用于指定主键、空值、唯一性、默认值、自动增长列等。

<表级完整性约束条件>

用于定义主键、外键及各列上数据必须符合的相关条件。

简单来说，创建表时，在关键词create table后面加入所要建立的表的名称，然后在括号内顺次设定各列的名称、数据类型、可选的限制条件等。注意，所有的SQL语句在结尾处都要使用"；"符号。

指点迷津

使用SQL语句创建的表和表中列的名称必须以字母开头，后面可以使用字母、数字或下画线，名称的长度不能超过30个字符。注意，用户在选择表名称时不要使用SQL语言中的保留关键词（如select、create、insert等）作为表或列的名称。

【例】建立一个"学生"表Student，它由学号Sno、姓名Sname、性别Sex、年龄Sage、所在系Sdept 5个属性组成，其中学号属性不能为空，并且其值是唯一的。

```
CREATE TABLE Sudent
(Sno     CHAR(5) NOT NULL UNIQUE,
 Sname   CHAR(10),
 Ssex    CHAR(1),
 Sage    INT,
 Sdept   CHAR(10));
```

指点迷津

在创建表时，需要注意表中列的限制条件。所谓限制条件就是当向特定列输入数据时所必须遵守的规则。例如，unique这一限制条件要求某一列中不能存在两个值相同的记录，所有记录的值都必须是唯一的。除unique之外，较为常

用的列的限制条件还包括not null和primary key等。not null用来规定表中某一列的值不能为空。primary key则为表中的所有记录规定了唯一的标识符。

5.5.2 利用alter table修改表

随着应用环境和应用需求的变化，有时需要修改已建立的基本表，包括增加新列、增加新的完整性约束条件、修改原有的列定义或删除已有的完整性约束条件等。SQL语言用alter table语句修改基本表，其一般格式如下。

```
ALTER TABLE<表名>
[ADD<新列名><数据类型>[完整性约束]]
[DROP<完整性约束名>]
[MODIFY<列名><数据类型>];
```

【例】在Student表中添加"入学成绩（sScore）"列，其数据类型为字符型。

```
alter table student add sScore char(3);
```

【例】在Student表中将年龄的数据类型改为半字长整数。

```
alter table Student modify Sage smallint;
```

修改原有的列定义有可能会破坏已有数据。

【例】删除关于学号必须取唯一值的约束。

```
alter table Student drop unique(Sno);
```

5.5.3 利用drop table删除表

当某个基本表不再需要时，可以使用SQL语句drop table进行删除。其一般格式如下。

```
drop table <表名>
```

【例】删除Student表。

```
drop table Student;
```

基本表定义一旦删除，表中的数据和在此表上建立的索引都将自动被删除，而建立在此表上的视图虽仍然保留，但已无法引用。因此执行删除操作时一定要格外小心。

5.6　插入、删除和修改数据记录

创建数据库和设计完表后，就需要对该表添加内容，在添加过程中会涉及表记录的修改和删除操作。下面介绍SQL中三条最基本的数据操作语句，分别是Insert、Update和Delete。

5.6.1　插入记录Insert

SQL的数据插入语句Insert通常有两种形式，一种是插入一个元组，另一种是插入子查询结果。后者可以一次插入多个元组。可以使用Insert语句来添加一个或多个记录至一个表中。

1. 插入单个元组

插入单个元组的Insert语句的格式如下。

```
INSERT
INTO<表名>[(<属性列1>[,<属性列 2>…])
VALUES(<常量1>[,<常量2>]…)
```

其功能是将新元组插入指定表中。其中，新记录属性列1的值为常量1，属性列2的值为常量2。如果某些属性列在INTO子句中没有出现，则新记录在这些列上将取空值。

在表定义时说明了NOT NULL的属性列不能取空值，如果INTO子句中没有指明任何列名，则新插入的记录必须在每个属性列上均有值。

【例】将一个学生记录（学号：2009020；姓名：马燕；性别：女；所在系：计算机；年龄：21岁）插入Student表中。

```
Insert
Into Student
Values('2009020',' 马燕','女','计算
机',21);
```

2. 插入子查询结果

子查询不仅可以嵌套在SELECT语句中，也可以嵌套在INSERT语句中，用以生成要插入的数据。插入子查询结果的INSERT语句的格式如下。

```
Insert
Into <表名>[(<属性列1>[,<属性列2>]…]
子查询;
```

其功能是批量插入，一次将子查询的结果全部插入指定表中。

【例】对每一个系，求学生的平均年龄，并把结果存入数据库。

首先要在数据库中建立一个有两个属性列的新表，表中一列存放系名，另一列存放相应系的学生平均年龄。

```
Create table Deptage  (S d e p t
CHAR(15),Avgage smallint);
Insert into Deptage(Sdept, Average)
      (SELECT Sdept,AVG(Sage)
      FROM Student
      GROUP BY Sdept);
```

5.6.2　修改记录Update

Update语句用于更新或者改变匹配指定条件的记录，它是通过构造一个where语句来实现的。修改操作又称为更新操作，其语句的一般格式如下。

```
Update<表名>
Set<列名>=<表达式>[,<列名> =<表达式
>]...
  [where<条件>];
```

其功能是修改指定表中满足where子句条件的元组。其中，set子句用于指定修改方法，即用<表达式>的值取代相应的属性列值。如果省略where子句，则表示要修改表中的所有元组。

1. 修改某一个元组的值

【例】将学生2008001的年龄改为24岁。

```
Update Student
Set Sage =24
where Sno ='2008001';
```

2. 修改多个元组的值

【例】将所有学生的年龄增加1岁。

```
Update Student
Set Sage = Sage +1
```

5.6.3　删除记录Delete

Delete语句用来从表中删除记录或者行，其语

句格式如下。

```
Delete
    From<表名>
    [where<条件>];
```

Delete语句的功能是从指定表中删除满足where子句条件的所有元组。如果省略where子句，表示删除表中全部元组，但表的定义仍在字典中，也就是说，Delete语句删除的是表中的数据，而不是关于表的定义。

1. 删除某一个元组的值

【例】删除学号为2008001的学生记录。

```
Delete
    From Student
    Where Sno='2008001';
```

Delete操作也是一次只能操作一个表，因此同样会遇到Update操作中提到的数据不一致问题。例如，2008001学生删除后，有关他的其他信息也应同时删除，而这必须用一条独立的Delete语句完成。

2. 删除多个元组的值

【例】删除所有的学生选课记录。

```
Delete
From SC
```

这条Delete语句使SC成为空表，它删除了SC的所有元组。

5.7 数据的查询—SELECT语句

在众多SQL命令中，SELECT语句是使用最频繁的。SELECT语句主要用来对数据库进行查询并返回符合用户查询标准的结果数据。

5.7.1 SELECT语句基本语法

建立数据库的目的是为了查询数据，因此数据库查询是数据库的核心操作。SQL语言提供了SELECT语句进行数据库的查询，该语句具有灵活的使用方式和丰富的功能。SELECT语句有一些子句可以选择，而FROM是唯一必须的子句。每一个子句有大量的选择项、参数等。

```
SELECT [ALL | DISTINCT][TOP n ]<
目标列表达式>[,<目标列表达式>]…
    FROM<表名或视图名>[,<表名或视图名>]…
    [WHERE<条件表达式>]
    [GROUP BY<列名1>[HAVING<条件表达式>]]
    [ORDER BY<列名2> [ASC | DESC]];
```

整个SELECT语句的含义是，根据WHERE子句的条件表达式，从FROM子句指定的基本表或视图中找出满足条件的元组，再按SELECT子句中的目标列表达式，选出元组中的属性值形成结果表。如果有GROUP子句，则将结果按<列名1>的值进行分组，该属性列值相等的元组为一个组，每个组产生结果表中的一条记录。通常会在每组中作用集函数。如果GROUP子句带HAVING短语，则只有满足指定条件的组才予输出。如果有ORDER子句，则结果表还要按<列名2>的值的升序或降序排序。

下面以"学生-课程"数据库为例说明SELECT语句的各种用法，"学生-课程"数据库中包括三个表。

"学生"表Student由学号（Sno）、姓名（Sname）、性别（Ssex）、年龄（Sage）、所在系（Sdept）5个属性组成，可记为

```
Student(Sno,Sname,Ssex,Sage,Sdept)
```

其中Sno为主码。

"课程"表Course由课程号（Cno）、课程名（Cname）、选修课号（Cpno）、学分（Ccredit）4个属性组成，可记为

```
Course(Cno,Cname,Cpno,Ccredit)
```

其中Cno为主码。

"学生选课"表SC由学号（Sno）、课程号（Cno）、成绩（Grade）3个属性组成，可记为

```
SC(Sno,Cno,,Grade)
```

其中（Sno，Cno）为主码。

5.7.2 单表查询

SELECT语句既可以完成简单的单表查询，也可以完成复杂的连接查询和嵌套查询。

1. 选择表中的若干列

选择表中的全部列或部分列，其变化方式主要表现在SELECT子句的<目标列表达式>上。

【例】查询全体学生的学号与姓名。

```
SELECT Sno,Sname
FROM Student;
```

【例】查询全体学生的详细记录。

```
SELECT *
FROM Student;
```

2. 选择表中的若干元组

通过<目标列表达式>的各种变化，可以根据实际需要，从一个指定的表中选择所有元组的全部或部分列。如果只想选择部分元组的全部或部分列，则还需要指定DISTINCT短语或指定WHERE子句。

【例】查询所有选修过课的学生的学号。

```
SELECT Sno
FROM SC;
```

假设SC表中有下列数据

```
Sno     Cno     Grade
09001   1       92
09001   2       85
09001   3       88
09002   2       90
09002   3       80
```

执行上面的SELECT语句后，结果为

```
Sno
    09001
    09001
    09001
    09002
    09002
```

可用DISTINCT短语消除重复

```
SELECT DISTINCT Sno
FROM SC;
```

执行结果为

```
Sno
09001
09002
```

【例】查询所有年龄在18岁以下的学生的姓名及其年龄。

```
SELECT Sname,Sage
FROM Student
WHERE Sage<18;
```

或

```
SELECT Sname,Sage
FROM Student
WHERE NOT Sage>=18;
```

【例】查询年龄为15～23岁的学生的姓名、系别和年龄。

```
SELECT Sname,Sdept,Sage
FROM Student
WHERE Sage BETWEEN 15 AND 23;
```

5.7.3　对查询结果排序语句ORDER BY

如果没有指定查询结果的显示顺序，DBMS将按其最方便的顺序输出查询结果。ORDER BY条件子句，通常与SELECT语句合并使用，目的是将查询的结果，依照指定字段进行排序，其中升序ASC为默认值。

【例】查询选修了4号课程的学生的学号及其成绩，查询结果按分数的降序排列。

```
SELECT Sno,Grade
FROM SC
WHERE Cno = '4'
    GROUP BY Grade DESC;
```

查询结果为

```
Sno    Grade
09007  99
09003  83
09010  82
09009  71
09015  65
09002  45
```

5.7.4　对查询结果分组语句GROUP BY

GROUP BY子句可以将查询结果表的各行按一列或多列取值相等的原则进行分组。

【例】查询各个课程号与相应的选课人数。

```
SELECT Cno,COUNT(Sno)
FROM SC
```

```
GROUP BY Cno;
```

查询结果为

```
Cno    COUNT(Sno)
1      52
2      44
3      44
4      23
5      45
```

5.7.5 连接查询

一个数据库中的多个表之间一般存在某种内在联系,它们共同提供有用的信息。前面的查询都是针对一个表进行的。若一个查询同时涉及两个以上的表,则称为连接查询。连接查询实际上是关系数据库中最主要的查询,主要包括等值连接查询、非等值连接查询、自身连接查询、外连接查询和复合条件连接查询。

【例】查询每个学生及其选修课程的情况。

学生情况存放在Student表中,学生选课情况存放在SC表中,所以本查询实际上同时涉及Student与SC两个表中的数据。这两个表之间的联系是通过两个表都具有的属性Sno实现的。要查询学生及其选修课程的情况,就必须将这两个表中

学号相同的元组连接起来。

这是一个等值连接,完成本查询的SQL语句为

```
SELECT Student.*, SC.*
FROM Student,SC
WHERE Student.Sno = SC.Sno;
```

进行多表连接查询时,SELECT子句与WHERE子句中的属性名前都加上了表名前缀,这是为了避免混淆。如果属性名在参加连接的各表中是唯一的,则可省略表名前缀。

5.8 本章小结

SQL语言的主要功能是与各种数据库建立联系,进行沟通。按照ANSI(美国国家标准协会)的规定,SQL被作为关系型数据库管理系统的标准语言。SQL语句可以用来执行各种各样的操作,如更新数据库中的数据,从数据库中提取数据等。SQL数据查询是SQL语言中最重要、最丰富,也是最灵活的内容。建立数据库的目的就是为了查询数据。

在网页制作中，JavaScript是常见的脚本语言。它可以嵌入HTML中，在客户端执行，是动态特效网页设计的最佳选择，同时也是浏览器普遍支持的网页脚本语言。它是一种解释性的语言，不需要JavaScript程序进行预先编译而产生可运行的机器代码。

- ⊙ 了明什么是JavaScript
- ⊙ 掌握JavaScript的基本语法
- ⊙ 掌握JavaScript事件
- ⊙ 掌握JavaScript对象

6.1 JavaScript简介

JavaScript是世界上使用人数最多的程序语言之一，而且JavaScript是世界上最重要的编程语言之一，几乎每个普通用户的计算机上都存在JavaScript程序的影子。然而绝大部分用户却不知道它的起源，以及如何发展至今。JavaScript几乎可以控制所有常用的浏览器，学习Web技术必须学会JavaScript。

6.1.1 什么是JavaScript

JavaScript起源于LiveScript语言。当互联网开始流行时，越来越多的网站开始使用HTML表单与用户交互，然而表单交互却成了制约网络发展的重大瓶颈（用户总是痛苦地等待数据传送到服务器端检测，并传回是否正确，仅仅是表单检测，就产生了多次客户端与服务器端交互）。于是Netscape公司推出了LiveScript语言，最后Netscape与Sun将LiveScript命名为JavaScript。随后微软开始了其浏览器计划，并且推出了Jscript。于是网络上出现了几种类似的JavaScript语言，但是没有统一的特性与语法。最终JavaScript被提交到欧洲计算机制造商协会（ECMA），作为中立的ECMA开始了标准化脚本语言之路，并将其命名为ECMAScript。如今JavaScript已经成为Web浏览器中不可缺少的技术。

6.1.2 JavaScript的特点

JavaScript的出现使得信息和用户之间不仅只是一种显示和浏览的关系，而是实现了实时的、动态的、可交式的表达。从此，基于CGI、静态的HTML页面被可提供动态实时信息，并对客户操作进行反应的Web页面取代。JavaScript 使网页增加了互动性。JavaScript 使有规律地重复的HTML文段简化，减少了下载时间。JavaScript 能及时响应用户的操作，对提交的表单做即时检查，无须交由CGI验证。JavaScript脚本正是满足这种需求而产生的语言，其深受广大用户的喜爱和欢迎，是众多脚本语言中较为优秀的一种。

由于JavaScript由Java集成而来，因此它是一种面向对象的程序设计语言。它所包含的对象有两个部分，即变量和函数，也称为属性和方法。

JavaScript语言具有以下特点。

➤ JavaScript是一种脚本编写语言，采用小程序段的方式实现编程；也是一种解释性语言，提供了一个简易的开发过程。它与HTML标识结合在一起，从而方便用户的使用操作。

➤ JavaScript是一种基于对象的语言，同时可以看作一种面向对象的语言。这意味着，它能运用自己已经创建的对象，因此许多功能可以来自于脚本环境中对象的方法与脚本的相互作用。

➤ JavaScript具有简单性。首先它是一种基于Java基本语句和控制流之上的简单而紧凑的设计，其次它的变量类型采用弱类型，并未使用严格的数据类型。

➤ JavaScript是一种安全性语言。它不允许访问本地硬盘，并且不能将数据存入服务器，不允许对网络文档进行修改和删除，只能通过浏览器实现信息浏览或动态交互，从而有效地防止了数据丢失。

➤ JavaScript是动态的。它可以直接对用户或客户输入做出响应，无须经过Web服务程序。它对用户的响应，是以事件驱动的方式进行的。所谓事件驱动，就是指在主页中执行某种操作以产生动作，从而触发相应的事件响应。

➤ JavaScript具有跨平台性。它依赖于浏览器本身，与操作环境无关，只要能运行浏览器并支持JavaScript浏览器的计算机就能正确执行。

6.2　JavaScript的基本语法

本节介绍JavaScript的基本语法，包括JavaScript变量、表达式和运算符、基本语句和函数。

6.2.1　JavaScript变量

JavaScript变量用于保存值或表达式。可以给变量起一个简短名称，如x，或者更有描述性的名称，如length。在脚本执行的过程中，可以改变变量的值，可以通过其名称来引用一个变量，以此

显示或改变它的值。

JavaScript变量也可以保存文本值，如city="北京"。

JavaScript变量名称的规则如下。

➤ 变量对大小写敏感（y和Y是两个不同的变量）。

➤ 变量必须以字母或下画线开始。

可以通过赋值语句向JavaScript变量赋值。

```
x=5;
city="上海";
```

变量名在=符号的左边，而需要向变量赋的值在=的右侧。

在以上语句执行后，变量x中保存的值是5，而city的值是上海。

6.2.2　表达式和运算符

在定义变量后，就可以对其进行赋值、改变、计算等一系列操作，这一过程通常又通过表达式来完成，而表达式中的一大部分是在做运算符处理。运算符是用于完成操作的一系列符号。在JavaScript中，运算符包括算术运算符、比较运算符和逻辑布尔运算符。

1. 算术运算符

在表达式中起运算作用的符号称为运算符。在数学里，算术运算符可以进行加、减、乘、除和其他数学运算，如表6-1所示。

表6-1　算术运算符

算术运算符	描述
+	加
−	减
*	乘
/	除
%	取模
++	递加1
--	递减1

2. 逻辑运算符

程序设计语言还包含一种非常重要的运算，即逻辑运算。逻辑运算符比较两个布尔值（真或假），然后返回一个布尔值，逻辑运算符如表6-2所示。

表6-2　逻辑运算符

逻辑运算符	描述
!	取反
&&	逻辑与
//	逻辑或

3. 比较运算符

比较运算符比较两个操作数的大、小或相等的运算符。比较运算符的基本操作是首先对其操作数进行比较，再返回一个true或false值，表示给定关系是否成立，操作数的类型可以任意。JavaScript中的比较运算符如表6-3所示。

表6-3　比较运算符

比较运算符	描述
<	小于
>	大于
<=	小于等于
>=	大于等于
=	等于
!=	不等于

6.2.3　基本语句

JavaScript中提供了多种用于程序流程控制的语句，这些语句可以分为选择和循环两大类。选择语句包括if、switch系列，循环语句包括while、for等。下面就来介绍这些程序语句的使用。

1. If语句

if…else语句是JavaScript中最基本的控制语句，通过它可以改变语句的执行顺序。在if语句中将测试一个条件，如果该条件满足测试，执行相关的JavaScript编码。

基本语法：

```
If(条件)
{执行语句1
}
else
{执行语句2
}
```

语法解释：

若表达式的值为true，则执行语句1，否则执行语句2。若if后的语句有多行，则必须使用花括

号将其括起来。

下面通过实例介绍if语句的使用方法，具体代码如下。

```
<html xmlns="http://www.w3.org/1999/xhtml">
    <head>
    <meta http-equiv="Content-Type" content="text/html; charset=utf-8" />
    <title>无标题文档</title>
    </head>

    <body>
    <script language="javascript">
    for(x=70;x<=73;x++)
    if(x%2==0)     //使用if语句来控制图像
                           的交叉显示
    document.write("<img src=01.JPG width=",x,"% height=",3*x,"%>");
      else
      document.write("<img  src=02.JPG width=",x,"% height=",2*x,"%>");
    </script>
    </body>
    </html>
```

本段代码使用了if语句，如if(x%2==0)，"%"为取模运算符。该表达式的意思就是变量x对常量2取模。如果整除，就显示01.JPG；如果不能除尽，则显示图片02.JPG。同时变量x的值一直递增下去，这样图片就不断交替显示。在IE中浏览，效果如图6-1所示。

图6-1　用if语句控制图片交叉显示

2. for循环

遇到重复执行指定次数的代码时，使用for循环比较合适。在脚本的运行次数已确定的情况下使用for循环。

基本语法：

```
for (变量=开始值;变量<=结束值;变量=变
量+增值)
{
    需执行的代码
}
```

语法解释：

初始化参数告诉循环的开始位置，必须赋予变量初值；条件是用于判别循环停止时的条件，若条件满足，则执行循环体，否则跳出循环；增量主要定义循环控制变量在每次循环时按什么方式变化。在3个主要语句之间，必须使用分号（；）分隔。

例如：

```
for(i=0;i<10;i++)
{
X{i}=i;
}
```

说明：初始值i=0，条件i<10（也就是0～9）；i++表示i=i+1，也就是递增值为1。这段代码表示从0开始每次递增1给数组x{i}赋值，一直到i为10跳出循环。

下面通过实例介绍for循环的使用方法，具体代码如下。

```
<html>
<title>for循环</title>
<body>
<script type="text/javascript">
var i=0
for (i=0;i<=10;i++)
{
document.write("数字是 " + i)
document.write("<br />")
}
</script>
</body>
</html>
```

这个例子定义了一个循环程序，这个程序中i的起始值为0。每执行一次循环，i的值就会累加一次1，循环会一直运行下去，直到i等于10为止。在浏览器中预览，效果如图6-2所示。

3. switch语句

当判断条件比较多时，为了使程序更加清晰，可以使用switch语句。使用switch语句时，表达式的值将与每个case语句中的常量作比较。如果

图6-2 for循环

相匹配，则执行该case语句后的代码；如果没有一个case的常量与表达式的值相匹配，则执行default语句。当然，default语句是可选的。如果没有相匹配的case语句，也没有default语句，则什么也不执行。

基本语法：

```
switch (表达式)
{
case 条件1:
语句块1
case 条件2:
语句块2
......
default
语句块N
}
```

语法解释：

switch语句通常使用在有多种出口选择的分支结构上。例如，信号处理中心可以对多个信号进行响应，针对不同的信号均有相应的处理。

下面举例来介绍switch语句的使用方法。这个程序实现输入一个学生的考试成绩，我们按照每10分一个登记将成绩分等，程序将根据成绩的等级做出不同的评价。

```
<html xmlns="http://www.w3.org/1999/
xhtml">
<head>
<meta http-equiv="Content-Type" content
="text/html; charset=gb2312" />
<title>Switch语句</title>
</head>
<script type="text/JavaScript">
function judge() {
var score;//分数
var degree;//分数等级
score = document.getElementById
("score").value;
```

```
       if (score > 100){
  degree = '要我? 100分满! ';
  }
  else{
  switch (parseInt(score / 10)) {
  case 0:
  case 1:
  case 2:
  case 3:
  case 4:
  case 5:
  degree = "恭喜你,又挂了! ";
  break;
  case 6:
  degree = "勉强及格";
  case 7:
  degree = "凑合,凑合"
  break;
  case 8:
  degree = "8错,8错";
  break;
  case 9:
  case 10:
  degree = "高手高手,佩服佩服";
  }//end of switch
  }//end of else
  alert(degree);
  }
  </script>
<body>
<form action="#" method="post">
<p>
<label for="score">成绩</label>
<input name="score" id="score" type=
"text" />
</p>
<p>
<button value="点击提交" onclick=
"judge()">点击提交</button>
</p>
</form>
</body>
</html>
```

在上面的代码中,如果成绩是50分,那么score/10就是5,则case5后面的语句将会得到执行。同样,case6、case7等后面的语句都会得到执行。也就是说,我们会得到:"恭喜你,又挂了!""勉强及格""凑合,凑合""8错,8错""高手高手,佩服佩服"等评价。如图6-3所示为执行效果。

这就是switch语句的执行逻辑,当发现某个case满足后,在该case后的所有语句都会得到执

行。第一个例子中的break就是为了让switch "停下来"。

图6-3 switch语句执行效果

4. while语句

最简单的JavaScript循环在每次循环开始时进行条件判断,如果表达式的值为真,则继续循环。在循环中的某些地方,会对所包含的某些变量进行修改,强制表达式的值变成假,从而使循环终止。关键字while用来表示这种类型的循环。

基本语法:

```
while (变量<=结束值)
{
    循环代码
}
```

语法解释:

while循环用于在指定条件为true时循环执行代码。

下面举例来讲述while语句的使用方法,代码如下。

```
<html>
<body>
<script type="text/javascript">
i = 0
while (i <= 5)
{
document.write("数字是 " + i)
document.write("<br />")
i++
}
</script>
</body>
</html>
```

i等于0。当i小于或等于5时,循环将继续运行。循环每运行一次,i会累加1。执行结果如图6-4所示。

图6-4　while语句执行效果

6.2.4　函数

在网页的应用中，很多功能需求是类似的，如显示当前的日期时间、检测输入数据的有效性等。函数能把完成相应功能的代码划分为一块，在程序需要时直接调用函数名即可完成相应功能。

JavaScript中的函数是可以完成某种特定功能的一系列代码的集合。在函数被调用前，函数体内的代码并不执行，即独立于主程序。编写主程序时不需要知道函数体内的代码如何编写，只需要使用函数方法即可。可把程序中大部分功能拆解成一个个函数，使程序代码结构清晰，易于理解和维护。函数的代码执行结果不一定是一成不变的，可以通过向函数传参数，以解决不同情况下的问题，函数也可返回一个值（类似于表达式）。

JavaScript中的函数不同于其他的语言，每个函数都是作为一个对象被维护和运行的。通过函数对象的性质，可以很方便地将一个函数赋值给一个变量或者将函数作为参数传递。

基本语法：

```
function 函数名(参数1,参数2...)
{
代码段
Return （表达式）
}
```

由于定义函数要先于程序执行，一般在网页的头部信息部分定义函数。如果使用外部js文件调用的方法，可把函数定义于js文件中，实现多个网页共享函数的定义，共同调用函数，节约了大量的代码编写。

函数是命名的语句段，这个语句段可以被当作一个整体来引用和执行。使用函数要注意以下几点。

（1）函数由关键字function定义（也可由

Function构造函数构造）。

（2）使用function关键字定义的函数在一个作用域内是可以在任意位置调用的（包括定义函数的语句前）；而用var关键字定义的函数必须定义后才能被调用。

（3）函数名是调用函数时引用的名称，它对大小写是敏感的，调用函数时不可写错函数名。

（4）参数表示传递给函数使用或操作的值，它可以是常量，也可以是变量，也可以是函数。

6.3　JavaScript事件

事件是浏览器响应用户交互操作的一种机制。JavaScript的事件机制处理可以改变浏览器响应用户操作的标准方法，这样就可以开发出更多具有交互性、更容易使用的Web页面。这些交互性的网页特效都是通过JavaScript事件来制作的。

事件可以由用户引发，也可能是页面发生改变，甚至还有看不见的事件（如Ajax的交互进度改变）。绝大部分事件都由用户的动作引发，如用户按鼠标的按键，就产生click事件，若光标链接上移动，就产生mouseover事件等。在JavaScript中，事件往往与事件处理程序配套使用。

JavaScript事件的概念经过多年来的发展，具有了现在简单易用、功能性强的特点。可喜的是，由于事件的通用的相似性，可以开发一些优秀的工具来构建功能强大的、编码清晰的Web应用程序。

JavaScript事件可以分为下面几种不同的类别。最常用的类别是鼠标交互事件，然后是键盘和表单事件。

➢ 鼠标事件：分为两种，即追踪鼠标当前位置的事件（mouseover、mouseout）和追踪鼠标在被单击的事件（mouseup、mousedown、click）。

➢ 键盘事件：负责追踪键盘的按键何时以及在何种上下文中被按下。与鼠标相似，有三个事件用来追踪键盘，即keyup、keydown、keypress。

➢ UI事件：用来追踪用户何时从页面的一部分转到另一部分。例如，使用它能知道用户何时开始在一个表单中输入。用来追踪这一点的两个事件是focus和blur。

➢ 表单事件：直接与只发生于表单和表单输入元素上的交互相关。submit事件追踪表单何时提交；change事件监视用户向元素的输入；select事件在<select>元素被更新时触发。

➢ 加载和错误事件：该类事件与页面本身有关，如加载页面事件load、最终离开页面事件unload。另外，JavaScript错误使用error事件追踪。

在JavaScript中，可以响应的事件有很多，如鼠标单击的click事件、鼠标双击的dblclick事件等。在一个HTML文档中可能会有很多元素，如按钮、下拉列表框、复选框等。那么如何设置哪个元素响应哪种事件，设置响应事件时应调用什么JavaScript程序呢？要设置元素响应什么事件，就必须在标签中添加一个与事件相关的属性，属性名为on加上事件名。例如，要让一个图片响应鼠标单击事件，就要在该图片的<img>标签中添加一个onclick属性。要设置在响应事件时调用的程序，只需在属性值中输入函数名即可。

6.3.1 click事件

单击事件click是常用的事件之一。在一个对象上按下，然后释放一个鼠标按键时click事件发生，它也会在一个控件的值改变时发生。这里的单击是指完成按下鼠标按键并释放的完整过程后产生的事件。

基本语法：

```
onClick=函数或是处理语句
```

实例代码：

```
<html xmlns="http://www.w3.org/1999/xhtml">
<head>
<meta http-equiv="Content-Type" content="text/html; charset=gb2312" />
<title>无标题文档</title>
</head>
<body><input type="submit" name="Submit" value="打印本页"
onClick="javascript:window.print()">
</body>
</html>
```

本段代码运用click事件，设置单击时实现打印效果。运行代码如图6-5和图6-6所示。支持该事件的JavaScript对象有button、document、checkbox、link、radio、reset、submit。

图6-5 选择打印机

图6-6 打印

6.3.2 change事件

改变事件（change）通常在文本框或下拉列表框中激发。在下拉列表框中，只要修改了可选项，就会激发change事件；在文本框中，只有修改了文本框中的文字并在文本框失去焦点时才会激发change事件。

基本语法：

```
on change=函数或是处理语句
```

实例代码：

```
<input name="textfield" type="text" size="20" onchange=alert("输入搜索内容")>
```

本段代码在一个文本框中使用了onchange=alert("输入搜索内容")来显示表单内容变化引起change事件执行处理效果。这里的change结果是弹出提示对话框。运行代码后的效果如图6-7所示。

图6-7　弹出提示对话框

6.3.3　select事件

选择事件（select）是指当文本框中的内容被选中时所发生的事件。

基本语法：

```
onSelect=处理函数或是处理语句
```

实例代码：

```
<script language="javascript">              // 脚本程序开始
function strCon(str)                         // 连接字符串
{ if(str!='请选择')                          // 如果选择的是默认项
  {form1.text.value="您选择的是:"+str;        // 设置文本框提示信息   }
  else                                       // 否则
  {form1.text.value="";                      // 设置文本框提示信息  }
}
</script>
<form id="form1" name="form1" method="post" action="">
<label>
<textarea name="text" cols="50" rows="2" onSelect="alert('您想拷贝吗? ')"></textarea>
</label>
<p><label>
<select name="select1" onchange="strAdd(this.value)" >
<option value="请选择">请选择</option>
<option value="北京">北京</option>
<option value="上海">上海</option>
<option value="广州">广州</option>
<option value="深圳">深圳</option>
<option value="哈尔滨">哈尔滨</option>
<option value="其他">其他</option>
</select>
</label></p>
</form>
```

本段代码定义函数处理下拉列表框的选择事件，当选择其中的文本时输出提示信息。运行代码的效果如图6-8所示。

图6-8　输出提示信息

6.3.4　focus事件

得到焦点（focus）是指将焦点放在了网页中的对象之上。focus事件即得到焦点，通常是指选中了文本框等，并且可以在其中输入文字。

基本语法：

```
onfocus=处理函数或是处理语句
```

实例代码：

```
<html>
<head>
<meta http-equiv="Content-Type" content="text/html; charset=gb2312" />
<title>onFocus事件</title>
</head>
<body>
国内城市:
<form name="form1" method="post" action="">
  <p>
    <label>
    <input type="radio" name="RadioGroup1" value="济南"onfocus=alert("选择济
南！")> 济南</label>
    <br>
    <label>
    <input type="radio" name="RadioGroup1" value="哈尔滨"onfocus=alert("选择
哈尔滨！")> 哈尔滨</label>
     <br>
     <label>
    <input type="radio" name="RadioGroup1" value="长沙"onfocus=alert("选择长
沙！")>长沙</label>
    <br>
    <label>
     <input type="radio" name="RadioGroup1" value="深圳"onfocus=alert("选择
深圳！")> 深圳</label>
    <br>
    <label>
    <input type="radio" name="RadioGroup1" value="上海"onfocus=alert("选择
上海！")>上海</label>
    <br>
```

```
        </p>
      </form>
    </body>
  </html>
```

代码中的加粗部分应用了focus事件，选择其中的一项，弹出选择提示的对话框，如图6-9所示。

图6-9　弹出选择提示的对话框

6.3.5　load事件

加载事件（load）与卸载事件（unload）是两个相反的事件。在HTML 4.01中，只规定了body元素和frameset元素拥有加载和卸载事件，但是大多浏览器都支持img元素和object元素的加载事件。以body元素为例，加载事件是指整个文档在浏览器窗口中加载完毕后所激发的事件。卸载事件是指当前文档从浏览器窗口中卸载时所激发的事件，即关闭浏览器窗口或从当前网页跳转到其他网页时所激发的事件。

基本语法：

```
onLoad=处理函数或是处理语句
```

实例代码：

```
<html>
<head>
```

实例代码：

```
<html>
<head>
<meta http-equiv="Content-Type" content="text/html; charset=gb2312" />
<title>onMouseOver事件</title>
<style type="text/css">
<!--
```

```
  <meta http-equiv="Content-Type"
content="text/html; charset=gb2312" />
  <title>onLoad事件</title>
  <script type="text/JavaScript">
  <!--
  function MM_popupMsg(msg) { //v1.0
    alert(msg);
  }
  //-->
  </script>
  </head>
  <body onLoad="MM_popupMsg('欢迎再
来！')">
  </body>
  </html>
```

代码中的加粗部分应用了onLoad事件，在浏览器中预览效果时，会自动弹出提示对话框，如图6-10所示。

图6-10　自动弹出提示对话框

6.3.6　鼠标移动事件

鼠标移动事件包括三种，分别为mouseover、mouseout和mousemove。其中，mouseover是当光标移动到对象上时所激发的事件，mouseout是当光标从对象上移开时所激发的事件，mousemove是光标在对象上移动时所激发的事件。

基本语法：

```
onMouseover=处理函数或是处理语句
onMouseout=处理函数或是处理语句
```

```
#Layer1 {position:absolute;width:257px;height:171px;z-index:1;visibility:
hidden;}
    -->
    </style>
    <script type="text/JavaScript">
    <!--
    function MM_findObj(n, d) { //v4.01
      var p,i,x;  if(!d) d=document; if((p=n.indexOf("?"))>0&&parent.frames.
length) {
        d=parent.frames[n.substring(p+1)].document; n=n.substring(0,p);}
        if(!(x=d[n])&&d.all) x=d.all[n]; for (i=0;!x&&i<d.forms.length;i++)
x=d.forms[i][n];
      for(i=0;!x&&d.layers&&i<d.layers.length;i++) x=MM_findObj(n,d.layers[i].
document);
      if(!x && d.getElementById) x=d.getElementById(n); return x;
    }
    function MM_showHideLayers() { //v6.0
      var i,p,v,obj,args=MM_showHideLayers.arguments;
      for (i=0; i<(args.length-2); i+=3) if ((obj=MM_findObj(args[i]))!=null) {
v=args[i+2];
        if (obj.style) { obj=obj.style; v=(v=='show')?'visible':(v=='hide')?'
hidden':v; }
        obj.visibility=v; }
    }
    //-->
    </script>
    </head>
    <body>
    <input name="Submit" type="submit"
    onMouseOver="MM_showHideLayers('Layer1','','show')" value="显示图像" />
    <div id="Layer1"><img src="sheng.jpg" width="300" height="200" /></div>
    </body>
    </html>
```

代码中的加粗部分应用了onMouseOver事件。在浏览器中预览效果，将光标移动到"显示图像"按钮的上方，显示图像，如图6-11所示。

图6-11 显示图像

6.3.7 onblur事件

失去焦点事件（onblur）正好与获得焦点事件相对，失去焦点是指将焦点从当前对象中移开。当text对象、textarea对象或select对象不再拥有焦点而退到后台时，引发该事件。

```
<html>
<head>
<meta http-equiv="Content-Type" content="text/html; charset=gb2312" />
<title>onBlur事件</title>
<script type="text/JavaScript">
<!--
function MM_popupMsg(msg) { //v1.0
  alert(msg);
}
//-->
</script>
</head>
<body>
<p>用户注册:</p>
<p>用户名:<input name="textfield" type="text" onBlur="MM_popupMsg('文档中的"
用户名"文本域失去焦点! ')" />
</p>
  <p>密码:<input name="textfield2" type="text" onBlur="MM_popupMsg('文档中的"
密码"文本域失去焦点! ')" />
</p>
</body>
</html>
```

代码中的加粗部分应用了onBlur事件。在浏览器中预览效果，将光标移动到任意一个文本框中，再将光标移动到其他位置，就会弹出一个提示对话框，说明某个文本框失去焦点，如图6-12所示。

图6-12　弹出提示对话框

6.3.8　其他常用事件

在前面介绍的事件都是HTML 4.01中所支持的标准事件。除此之外，大多浏览器还定义了一些其他事件，这些事件为开发者开发程序带来很大的便利，也使程序更为丰富和人性化。常用的其他事件如表6-4所示。

表6-4　其他常用事件

事件	含义
onkeypress	当键盘上的某个键被按下并且释放时触发此事件
onkeydown	当键盘上的某个键被按下时触发此事件
onabort	当页面上的图片没完全下载时，单击浏览器中的"停止"按钮时触发此事件
onbeforeunload	当前页面的内容将要被改变时触发此事件
onerror	出现错误时触发此事件
onmove	浏览器的窗口被移动时触发此事件

续表

事件	含义
onresize	当浏览器的窗口大小被改变时触发此事件
onfinish	当marquee元素完成需要显示的内容后触发此事件
onbeforecopy	当页面当前的被选择内容将要复制到浏览者系统的剪贴板前触发此事件
onbounce	在marquee内的内容移动至marquee显示范围之外时触发此事件
onstart	当marquee元素开始显示内容时触发此事件
onsubmit	一个表单被递交时触发此事件
onbeforeupdate	当浏览者粘贴系统剪贴板中的内容时触发此事件通知目标对象
onrowenter	当前数据源的数据发生变化并且有新的有效数据时触发此事件
onreset	当表单中reset的属性被激发时触发此事件
onscroll	浏览器的滚动条位置发生变化时触发此事件
onstop	浏览器的停止按钮被按下时或者正在下载的文件被中断触发此事件
onbeforecut	当页面中的一部分或者全部内容将被移离当前页面并移动到浏览者的系统剪贴板时触发此事件
onbeforeeditfocus	当前元素将要进入编辑状态时触发此事件
onbeforepaste	内容将要从浏览者的系统剪贴板粘贴到页面中时触发此事件
oncopy	当页面当前的被选择内容被复制后触发此事件
oncut	当页面当前的被选择内容被剪切时触发此事件
ondrag	当某个对象被拖动时触发此事件 [活动事件]
ondragdrop	一个外部对象被鼠标拖进当前窗口或者帧时触发此事件
ondragend	当鼠标拖动结束时触发此事件，即鼠标的按键被释放了
ondragenter	当被鼠标拖动的对象进入其容器范围时触发此事件
ondragleave	当被鼠标拖动的对象离开其容器范围时触发此事件
ondragover	当某被拖动的对象在另一对象容器范围内拖动时触发此事件
ondragstart	当某对象将被拖动时触发此事件
ondrop	在一个拖动过程中，释放鼠标按键时触发此事件
onlosecapture	当元素失去鼠标移动所形成的选择焦点时触发此事件
onpaste	当内容被粘贴时触发此事件
onselectstart	当文本内容选择将开始发生时触发此事件
onafterupdate	当数据完成由数据源到对象的传送时触发此事件
oncellchange	当数据来源发生变化时触发此事件
ondataavailable	当数据接收完成时触发此事件
ondatasetchanged	数据在数据源发生变化时触发此事件
ondatasetcomplete	当来自数据源的全部有效数据读取完毕时触发此事件
onerrorupdate	当使用onbeforeupdate事件触发取消了数据传送时，代替onafterupdate事件
onrowexit	当前数据源的数据将要发生变化时触发此事件
onrowsdelete	当前数据记录将被删除时触发此事件
onrowsinserted	当前数据源将要插入新数据记录时触发此事件
onafterprint	当文档被打印后触发此事件
onbeforeprint	当文档即将打印时触发此事件
onfilterchange	当某个对象的滤镜效果发生变化时触发此事件
onhelp	当浏览者按F1键或者选择浏览器的帮助时触发此事件
onpropertychange	当对象的属性之一发生变化时触发此事件
onreadystatechange	当对象的初始化属性值发生变化时触发此事件

6.4 JavaScript对象

JavaScript可以根据需要创建自己的对象,从而进一步扩大其应用范围。JavaScript中的对象是由属性和方法两个基本元素构成的。属性是对象在实施其所需要行为的过程中,实现信息的装载单位,从而与变量相关联;方法是指对象能够按照设计者的意图被执行,从而与特定的函数关联。

6.4.1 navigator对象

navigator对象包含的属性描述了正在使用的浏览器。可以使用这些属性进行平台专用的配置。虽然这个对象的名称是Netscape的Navigator浏览器,但其他实现了 JavaScript的浏览器也支持这个对象。其常用的属性如表6-5所示。

表6-5 navigator对象的常用属性

属性	说明
appName	浏览器的名称
appVersion	浏览器的版本
appCodeName	浏览器的代码名称
browserLanguage	浏览器所使用的语言
plugins	可以使用的插件信息
platform	浏览器系统所使用的平台,如Win32等
cookieEnabled	浏览器的cookie功能是否打开

实例代码:

```
<html>
<head>
<title>浏览器信息</title>
</head>
<body onload=check()>
<script language=javascript>
function check()
{
name=navigator.appName;
if(name=="Netscape"){
    document.write("您现在使用的是Netscape网页浏览器<br>");}
else if(name=="Microsoft Internet Explorer"){
    document.write("您现在使用的是Microsoft Internet Explorer网页浏览器<br>");}
else
{
    document.write("您现在使用的是"+navigator.appName+"网页浏览器<br>");
}
}
</script>
</body>
</html>
```

这段代码判断浏览器的类型,在浏览器中预览效果,如图6-13所示。

图6-13 判断浏览器类型

6.4.2 windows对象

windows对象处于对象层次的最顶端，它提供了处理navigator窗口的方法和属性。JavaScript的输入可以通过window对象来实现。使用window对象产生用于客户与页面交互的对话框主要有三种，分别是警告框、确认框和提示框。这三种对话框使用window对象的不同方法产生，功能和应用场合也不大相同。

windows对象常用的方法如表6-6所示。

表6-6 windows对象常用的方法

方法	方法的含义及参数说明
Open(url，windowName，parameterlist)	创建一个新窗口，3个参数分别用于设置URL地址、窗口名称和窗口打开属性（一般可以包括宽度、高度、定位、工具栏等）
Close()	关闭一个窗口
Alert(text)	弹出式窗口，text参数为窗口中显示的文字
Confirm(text)	弹出确认域，text参数为窗口中的文字
Promt(text，defaulttext)	弹出提示框，text为窗口中的文字，document参数用来设置默认情况下显示的文字
moveBy(水平位移，垂直位移)	将窗口移至指定的位移
moveTo(x，y)	将窗口移至指定的坐标
resizeBy(水平位移，垂直位移)	按给定的位移量重新设置窗口大小
resizeTo(x，y)	将窗口设定为指定大小
Back()	页面后退
Forward()	页面前进
Home()	返回主页
Stop()	停止装载网页
Print()	打印网页
status	状态栏信息
location	当前窗口URL信息

实例代码：

```
<html>
<head>
<meta http-equiv="Content-Type" content="text/html; charset=gb2312" />
<title>打开浏览器窗口</title>
```

```
<script type="text/JavaScript">
<!--
function MM_openBrWindow(theURL,winName,features) { //v2.0
  window.open(theURL,winName,features);
}
//-->
</script>
</head>
<body onLoad="MM_openBrWindow('6.4.4kou.htm','','width=400,height=500')">
打开浏览器窗口
</body>
</html>
```

代码中的加粗部分应用了windows对象，在浏览器中预览效果，弹出一个宽为400像素，高为500像素的窗口，如图6-14所示。

图6-14　预览windows对象效果

6.4.3　location对象

location对象描述的是某一个窗口对象打开的地址。要表示当前窗口的地址，只使用location就行了；若要表示某一个窗口的地址，就使用<窗口对象>.location。location对象常用的属性如表6-7所示。

表6-7　location对象的常用属性

属性	实现的功能
protocol	返回地址的协议，取值为http:、https:、file:等
hostname	返回地址的主机名，如http：//www.microsoft.com/china/的地址主机名为www.microsoft.com
port	返回地址的端口号，一般http的端口号是80
host	返回主机名和端口号，如www.a.com:8080
pathname	返回路径名，如http：//www.a.com/d/index.html的路径为d/index.html
hash	返回"#"以及以后的内容，如地址为c.html#chapter4，则返回#chapter4；如果地址里没有"#"，则返回字符串
search	返回"?"以及以后的内容；如果地址里没有"?"，则返回空字符串
href	返回整个地址，即返回在浏览器的地址栏上显示的内容

location对象常用的方法如下。

➤ reload()：相当于Internet Explorer浏览器上的"刷新"功能。

➤ replace()：打开一个URL，并取代历史对象中当前位置的地址。用这个方法打开一个URL后，单击浏览器的"后退"按钮，将不能返回到刚才的页面。

6.4.4 history对象

history对象用来存储客户端的浏览器已经访问过的网址（URL），这些信息存储在一个history列表中，通过对history对象的引用，可以让客户端的浏览器返回到它曾经访问过的网页。其实它的功能和浏览器的工具栏上的"后退"和"前进"按钮一样。

history对象常用的方法如下。

➤ back()：后退，与单击"后退"按钮是等效的。

➤ forward()：前进，与单击"前进"按钮是等效的。

➤ go()：该方法用来进入指定的页面。

实例代码：

```html
<html>
<head>
<meta http-equiv="Content-Type" content="text/html; charset=gb2312" />
<title>history对象</title>
</head>
<body>
<p><a href="6.4.6.1.html">history对象</a></p>
<form name="form1" method="post" action="">
   <input name="按钮" type="button" onClick="history.back()" value="前进">
   <input type="button" value="后退" onClick="history.forward()">
</form>
</body>
</html>
```

代码中的加粗部分应用了history对象，在浏览器中预览效果，如图6-15所示。

图6-15 预览history对象效果

6.4.5 document对象

document对象包括当前浏览器窗口或框架区域中的所有内容，包含文本域、按钮、单选框、复选框、下拉框、图片、链接等HTML页面可访问元素，但不包含浏览器的菜单栏、工具栏和状态栏。document对象提供多种方式获得HTML元素对象的引用。JavaScript的输出可通过document对象实现。在

document中主要有anchor、links和form 3个最重要的对象。

➢ anchor锚对象：是指<a name=…></a>标记在HTML源码中存在时产生的对象，它包含文档中所有anchor信息。

➢ links链接对象：是指用<a href=…></a>标记链接一个超文本或超媒体的元素作为一个特定的URL。

➢ form窗体对象：是文档对象的一个元素，它含有多种格式的对象储存信息，使用它可以在JavaScript脚本中编写程序，并可以用来动态改变文档的行为。

document对象有以下方法。

输出显示write()和writeln()：该方法主要用来实现在Web页面上显示输出信息。

实例代码：

```html
<html>
<head>
<title>document对象</title>
<script language=javascript>
function Links()
{
n=document.links.length;   //获得链接个数
s="";
for(j=0;j<n;j++)
s=s+document.links[j].href+"\n";   //获得链接地址
if(s=="")
s=="没有任何链接"
else
alert(s);
}
</script>
</head>
<body>
<form>
<input type="button" value="所有链接地址" onClick="Links()"><br>
</form>
<p><a href="#">效果1</a><br>
    <a href="#">效果2</a><br>
    <a href="#">效果3</a><br>
    <a href="#">效果4</a><br>
</p>
</body>
</html>
```

代码中的加粗部分应用了document对象，在浏览器中预览效果，如图6-16所示。

图6-16　预览document对象效果

6.5 实战应用——制作动态显示当前日期效果

JavaScript语言是网页中广泛使用的一种脚本语言。使用JavaScript可以使网页产生动态效果，并因其小巧简单而倍受用户的欢迎。

在网页中使用各种各样的动态时间显示，可以让网页更具时效感。下面利用JavaScript制作一个显示当前日期的效果，具体代码如下。

```
<script language=JavaScript1.2>
// 定义月份数组
var isnMonth = new
Array("1月","2月","3月","4月","5月","6月","7月","8月","9月","10月","11月","12月");
// 定义星期数组
var isnDay = new
Array("星期日","星期一","星期二","星期三","星期四","星期五","星期六","星期日");
today = new Date () ; // 创建一个Date ( )对象的实例
Year=today.getYear();// 取得当前年份
Date=today.getDate();// 取得当前日期
if (document.all)
// 利用document.write ( )方法输出当前日期和时间
  document.write(Year+"年"+isnMonth[today.getMonth()]+Date+"日
"+isnDay[today.getDay()])
</script>
```

首先定义月份和日期数组。创建一个Date()对象的实例，利用getYear()、getMonth()、getDate()和getDay分别获取当前年、月、日期和星期，然后利用document.write()方法输出当前日期和时间。在浏览器中执行的效果如图6-17所示。

图6-17 显示当前日期

6.6 本章小结

本章通过具体的实例介绍怎样用JavaScript实现一个个页面特效，对每个实例的关键知识点都做了细致的注释，而且都是针对要点进行讲解。通过一个个网页特效制作的实例，让读者可以快速掌握JavaScript制作网页特效的脚本知识，进而在较短的时间内掌握JavaScript程序设计的方法和技巧，能够自己快速独立地建立用户体验友好的网页特效。

第7章

动态网页脚本语言VBScript

本章导读

VBScript是由微软公司推出的语言,其语法是由Visual Basic(VB)演化来的,可以看作是VB语言的简化版,与VB的关系也非常密切。它具有容易学习的特性。目前,这种语言广泛应用于网页和ASP程序制作,还可以直接作为一个可执行程序,非常便于调试简单的VB语句。

技术要点

⊙ 了解VBScript的基本概念 ⊙ 掌握条件语句的使用

⊙ 熟悉VBScript的数据类型 ⊙ 掌握循环语句的使用

⊙ 掌握VBScript变量的使用 ⊙ 掌握VBScript过程的使用

⊙ 掌握VBScript运算符的使用 ⊙ 掌握VBScript函数的使用

7.1 VBScript概述

VBScript是一种脚本语言,源自微软的Visual Basic,其目的是为了加强HTML的表达能力,提高网页的交互性。在网页中加入VBScript脚本语言后,就可以制作出动态或者交互式的网页,以增进客户端网页上数据处理与运算的能力。

VBScript通常和HTML结合在一起使用。在一个HTML文件中,VBScript有别于HTML其他元素的声明方式。下面是在HTML页面中插入VBScript的实例。

```
<HTML>
<HEAD>
<TITLE>测试按钮事件</TITLE>
</HEAD>
<BODY>
<FORM NAME="Form1">
    <INPUT TYPE="Button" NAME="Button1" VALUE="单击">
    <SCRIPT FOR="Button1" EVENT="onClick" LANGUAGE="VBScript">
      MsgBox "按钮被单击!"
    </SCRIPT>
</FORM>
</BODY>
</HTML>
```

在浏览器中浏览,当单击"单击"按钮时,效果如图7-1所示。

图7-1 浏览单击按钮的效果

从上面的代码可以看出,VBScript代码写在成对的<SCRIPT>标记之间。代码的开始和结束部分都有<SCRIPT>标记,其中LANGUAGE属性用于指定所使用的脚本语言。这是因为浏览器能够使用多种脚本语言，所以必须在此指定所使用的脚本语言。

注意<SCRIPT>中的VBScript代码被嵌入注释标记（<!--和-->）中，这样能够避免不能识别<SCRIPT>标记的浏览器将代码显示在页面中。

SCRIPT块可以出现在HTML页面的任何地方（BODY或HEAD部分），最好将所有的一般目标Script代码放在HEAD部分，以便所有的Script代码集中放置。这样可以确保在BODY部分调用代码之前所有Script代码都被读取并解码。

VBScript具有如下特点。

1. 简单易学

VBScript的最大优点在于简单易学，即使是对编程语言毫无经验的人，也可以在短时间内掌握这种脚本语言。这是因为VBScript去掉了Visual Basic中使用的大多数关键字，而仅保留了其中少量的关键字，从而大大简化了Visual Basic的语法，使得这种脚本语言更加易学易用。

2. 安全性好

由于VBScript是一种脚本语言，而不是编程语言，因此没有编程语言的读写文件和访问系统的功能，这就使得想利用该语言编写程序去侵入网络系统的人无从下手。通过这种办法，VBScript的安全性大为提高。

3. 可移植性好

VBScript不仅支持Windows系统，同时支持UNIX系统和Mac系统。这就使得VBScript的可移植性大大增强。

7.2 VBScript数据类型

VBScript只有一种数据类型，即Variant。Variant是一种特殊的数据类型，根据使用的方式，它可以包含不同类别的信息。因为Variant是VBScript中唯一的数据类型，所以它也是VBScript中所有函数的返回值的数据类型。

最简单的Variant可以包含数字或字符串信息。Variant用于数字上下文中时作为数字处理，用于字符串上下文中时作为字符串处理。这就是说，如果使用看起来像是数字的数据，则VBScript会假定其为数字并以适用于数字的方式处理。与

此类似，如果使用的数据只可能是字符串，则VBScript将按字符串处理，也可以将数字包含在引号(" ")中，使其成为字符串。

下面是在VBScript中常见的常数。

➢ True/False：表示布尔值。
➢ Empty：表示没有初始化的变量。
➢ Null：表示没有有效数据的变量。
➢ Nothing：表示不应用任何变量。

还可以自定义一些常数，如Const Name=Value。

7.3 VBScript变量

变量是一种使用方便的占位符，用于引用计算机内存地址，该地址可以存储脚本运行时可更改的程序信息。例如，可以创建一个名为ClickCount的变量来存储用户单击网页上某个对象的次数。使用变量并不需要了解变量在计算机内存的地址，只要通过变量名引用变量就可以查看或更改变量的值。在VBScript中只有一个基本数据类型，即Variant，因此所有变量的数据类型都是Variant。

7.3.1 声明变量

可以使用Dim语句、Public语句和Private语句在脚本中声明变量，如Dim md。

声明多个变量时可使用逗号分隔变量，如Dim sj, sa, gp。

另一种方式是通过直接在脚本中使用变量名这一简单方式声明变量。但这样有时会因变量名被拼错而导致在运行脚本时出现意外的结果。最好使用Option Explicit语句显式声明所有变量，并将其作为脚本的第一条语句。

7.3.2 命名规则

变量命名必须遵循VBScript的标准命名规则，其规则如下。

➢ 第一个字符必须是字母。
➢ 不能包含嵌入的句点。
➢ 长度不能超过255个字符。

- 在被声明的作用域内必须唯一。
- 变量具有作用域与存活期。

变量的作用域由声明它的位置决定。如果在过程中声明变量，则只有该过程中的代码可以访问或更改变量值，此时变量被称为过程级变量。如果在过程之外声明变量，则该变量可以被脚本中的所有过程所识别，称为Script级变量，具有脚本作用域。

变量存在的时间称为存活期。Script级变量的存活期从被声明的一刻起，直到脚本运行结束时止。对于过程变量，其存活期仅有该过程运行的时间，该过程结束后变量即随之消失。

7.3.3 给变量赋值

可以创建表达式给变量赋值，变量在表达式左边，要赋的值在表达式的右边，如A=北京。

多数情况下，只需要为声明的变量赋一个值。只包含一个值的变量称为标量变量。有时候将多个相关值赋给一个变量更为方便，因此可以创建包含一系列值的变量，这称为数组变量。数组变量和标量变量是以相同的方式声明的，唯一的区别是声明数组变量时变量名后面带有括号（ ）。下例是声明了一个包含4个元素的唯一数组。

```
Dim A(3)
```

虽然括号中显示的数字是3，但VBScript中所有的数组都是基于0的，所以这个数组实际上包含了4个元素。在基于0的数组中，数组元素的数目总是

括号显示的数目加1。这种数组被称为固定大小的数组。

可在数组中使用索引为每个元素赋值，如下所示。

```
A(0)=5
A(1)=10
A(2)=15
A(3)=20
```

7.4 VBScript运算符优先级

VBScript运算符包括算术运算符、比较运算符、连接运算符、逻辑运算符等。

当表达式包含多个运算符时，将按预定顺序计算每一部分，这个顺序被称为运算符优先级。可以使用括号越过这种优先级顺序，强制首先计算表达式的某些部分。运算时总是先执行括号中的运算符，然后执行括号外的运算符。但是，在括号中仍遵循标准运算符优先级。

当表达式包含运算符时，首先计算算术运算符，然后计算比较运算符，最后计算逻辑运算符。所有比较运算符的优先级相同，即按照从左到右的顺序计算。VBScript运算符的优先级如表7-1所示。

表7-1 VBScript运算符的优先级

算术运算符		比较运算符		逻辑运算符	
描述	符号	描述	符号	描述	符号
求幂	∧	等于	=	逻辑非	Not
负号	—	不等于	<>	逻辑与	And
乘	*	小于	<	逻辑或	Or
除	/	大于	>	逻辑异或	Xor
整除	\	小于等于	<=	逻辑等价	Eqv
求余	Mod	大于等于	>=	逻辑隐含	Imp
加	+	对象引用比较	Is		
减	—				
字符串连接	&				

当乘号与除号同时出现在一个表达式中时，将按照从左到右的顺序计算乘、除运算符。同样当加与减同时出现在一个表达式中时，将按照从左到右的顺序计算加、减运算符。

7.5 使用条件语句

使用条件语句可以控制脚本的流程，可以编写进行判断和重复

操作的VBScript代码。在VBScript中可使用以下条件语句。

➤ if…then…else 语句。

➤ select…case 语句。

7.5.1 使用if…then…else进行判断

if…then…else语句用于计算条件是否为True或False，并且根据计算结果指定要运行的语句。通常条件是使用比较运算符对值或变量进行比较的表达式，if…then…else语句可以按照需要进行嵌套。

下面的实例演示了if…then…else语句的基本使用方法。

```
<html>
<head>
<title>if...then...else示例</title>
</head>
<body>
<Script Language=VBScript>
<!--
dim hour
hour=15
if hour<8 then
        document.write "欢迎您的光
临！早上好！"
elseif hour>=8 and hour<12 then
        document.write "欢迎您的光
临！上午好！"
elseif hour>=12 and hour<18 then
        document.write "欢迎您的光
临！下午好！"
else
        document.write "欢迎您的光
临！晚上好！"
end if
    -->
</Script >
</body>
</html>
```

本例演示了显示时间功能。当前时刻在8点以前显示为"欢迎您的光临！早上好！"8~12时显示为"欢迎您的光临！上午好！"12~18时显示为"欢迎您的光临！下午好！"其他时间为"欢迎您的光临！晚上好！"当前时间为15，因此显示为"欢迎您的光临！下午好！"如图7-2所示。

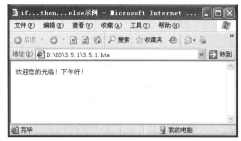

图7-2 用if…then…else语句进行判断

7.5.2 使用select…case进行判断

select…case结构提供了if…then…else结构的一个变通形式，可以从多个语句块中选择并执行其中的一个。select…case语句提供的功能与if…then…else语句类似，但是可以使代码更加简练易读。

select…case结构在其开始处使用一个只计算一次的简单测试表达式。表达式的结果将与结构中每个case的值比较。如果匹配，则执行与该case关联的语句块。

下面示例演示了select…case语句的基本使用方法。

```
<html>
<head>
<title>select case示例</title>
</HEAD>
<body>
<Script Language=VBScript>
<!--
dim Number
Number = 3
select case Number
        Case 1
        msgbox "北京"
        Case 2
        msgbox "上海"
        Case 3
        msgbox "广州"
        Case else
        msgbox "其他城市"
end select
-->
</Script >
</body>
</html>
```

运行程序，在浏览器中浏览，效果如图7-3所示。

图7-3 用select…case语句进行判断

7.6 使用循环语句

循环控制语句用于重复执行一组语句。循环可以分3类，分别为在条件变为False之前重复执行语句，在条件变为True之前重复执行语句，按照指定的次数重复执行语句。

在VBScript语言中可以使用以下循环语句。

- Do…Loop：当条件为True时循环。
- While…Wend：当条件为True时循环。
- For…Next：指定循环的次数，使用计数器重复运行语句。

7.6.1 使用Do…Loop循环

可以使用Do…Loop循环语句多次运行语句块，当条件为True时，或条件变为True之前，重复执行语句块。下面使用Do…Loop循环语句计算1+2+……+5的总和，其代码如下。

```
<%
Dim I Sum
Sum=0
i=0
Do
i=i+1
Sum=Sum+i
Loop Until i=5
Response.Write(1+2+…+5=& Sum)
%>
```

同样的语句，也可以将Do…Loop Until改成Do Until…Loop的写法，其效果是一不同的样的，不同的是测试的条件在前或在后。例如：

```
<%
Dim i  Sum
```

```
Sum=0
i=0
Do Until i=5
i=i+1
Sum=Sum+i
Loop
Response.Write(1+2+…+5=& Sum)
%>
```

说明：如果希望在某一个条件成立时，可以中途退出这个循环，可以使用Exit Do的命令。若是在多重循环之下，Exit Do会退出最近的循环。

7.6.2 使用While…Wend循环

While…Wend语句执行时，首先会测试While后面的条件式。当条件式成立时，执行循环中的语句，条件不成立时，退出While…Wend循环。它的语法如下。

```
While （条件语句）
     执行语句
Wend
```

说明：Do…Loop语句提供更结构化与灵活性的方法来执行循环，因此最好不要使用While…Wend语句，可以使用Do…Loop语句来代替。

7.6.3 使用For…Next循环

当希望执行循环到指定的次数时，最好使用For…Next循环。For的语句有一个控制变量counter，它的初值为start，终止值为end，每次增加值为step，该变量的值将在每次重复循环的过程中递增或递减。

```
For counter = start to end step
     执行语句
Next
```

在上述语法中，其执行步骤如下。

01 设置counter的初值。

02 判断counter是否大于终止值（或小于终止值，看step的值而定）。

03 假如counter大于终止值，程序跳至Next语句的下一行执行。

04 执行For循环中语句。

05 执行到Next语句时，控制变量会自动增加step值，若未指定step值，默认值为每次加1。

06 跳至步骤02。

7.7 VBScript过程

过程是VBScript脚本语言中最重要的部分。为了使程序可重复利用，为了使程序简洁明了，经常使用过程。

7.7.1 过程分类

在VBScript中过程分为两类，即Sub过程和Function过程。下面分别对这两种过程进行介绍。

1. Sub过程

Sub过程是指包含在Sub和End Sub语句之间的一组VBScript语句，执行操作但不返回值。Sub过程可以使用参数。如果Sub过程无任何参数，Sub语句则必须包含空括号（）。

下面的Sub过程使用了两个固有的VBScript函数，即MsgBox和InputBox来提示用户输入信息，然后显示根据这些信息计算的结果。计算使用VBScript创建。

```
Sub ConvertTemp()
Temp=InputBox(请输入华氏温度：,1)
MsgBox温度为&Celsius(temp)& 摄氏度。
End Sub
```

2. Function过程

Function过程是包含在Function和End Function语句之间的一组VBScript语句。Function过程与Sub过程类似，但是Function过程可以返回值，可以使用参数。如果Function过程无任何参数，Function语句则必须包含空括号（）。Function过程通过函数名返回一个值，这个值是在过程的语句中赋给函数名的。Function返回值的数据类型总是Variant。

在下面的示例中，Celsius函数将华氏度换算为摄氏度。Sub过程ConvertTemp调用此函数时，包含参数值的变量将被传递给函数，换算结果则返回到调用过程并显示在消息框中。

```
Sub ConvertTemp()
Temp=InputBox(请输入华氏温度：,1)
MsgBox温度为&Celsius(temp)&摄氏度。
End Sub
Function Celsius ( fDegrees )
Celsius=(fDegrees-32)*5/9
End Function
```

7.7.2 过程的输入和输出

给过程传递数据的途径是使用参数。参数被作为要传递给过程的数据的占位符。参数名可以是任何有效的变量名。使用Sub语句或Function语句创建过程时，过程名之后必须紧跟括号。括号中包含所有的参数，参数之间用逗号分隔。在下面的示例中，fDegrees是传递给Celsius函数的值的占位符。

```
Function Celsius(fDegrees)
Celsius=(fDegrees-32)*5/9
End Function
```

要想从过程获取数据，则必须使用Function过程。Function过程可以返回值，Sub过程不返回值。

7.7.3 在代码中使用Sub和Function过程

调用Function过程时，函数名须在变量赋值语句的右端或表达式中。

```
Temp=Celsius(Fdegrees)
```

或

```
MsgBox温度为&Celsius(fDegrees)&摄氏度。
```

调用Sub过程时，只需输入过程名及所有的参数值即可，参数值之间需使用逗号分隔，不需使用Call语句。如果使用此语句，则必须将所有参数包含在括号之中。

7.8 VBScript函数

VBScript的函数有两种：一种是内部函数，

即VBScript自带的函数，这些函数程序都已经包装好，使用时直接调用即可；另一种是自定义函数，即用户在编程的过程中根据需要定义编辑的一些函数。

VBScript内包括很多基本函数，如对话框处理函数、字符串操作函数、时间/日期处理函数及数学函数等。

下面的示例演示了时间/日期函数的使用，代码如下。

```html
<html>
<head>
<title>时间/日期函数的应用</title>
</head>
<body>
时间:<%=time()%>
<br>日期:<%=date()%>
<br>时间和日期:<%=now()%>
</body>
</html>
```

运行程序后，显示结果如图7-4所示。

图7-4　使用时间/日期函数的结果

7.9　本章小结

本章主要内容包括网页脚本语言VBScript概述、数据类型、变量、运算符优先级，条件语句、循环语句和VBScript过程、函数的使用。必须注意的是，目前只有Internet Explorer才能解释客户端的VBScript程序，而NetScape浏览器不支持这种语言，可在NetScape公司的相关主页上下载相关组件。

本章导读

动态页面最主要的作用在于能够让用户通过浏览器来访问、管理和利用存储在服务器上的资源和数据，特别是数据库中的数据。本章重点介绍动态网页的工作原理和动态网站技术类型、在本地计算机中安装和配置IIS、创建数据库、创建数据库连接等内容。

技术要点

- ⊙ 熟悉动态网页的工作原理
- ⊙ 掌握动态网站技术类型
- ⊙ 掌握在本地计算机中安装和配置IIS
- ⊙ 掌握在Dreamweaver中定义本地站点
- ⊙ 掌握创建数据库
- ⊙ 掌握创建数据库连接

8.1 认识动态网站

网络技术日新月异，许多网页文件的扩展名不再只是.htm，还有.php、.asp等，这些都是采用动态网页技术制作出来的文件的扩展名。动态网页其实就是建立在B/S架构上的服务器端脚本程序。在浏览器端显示的网页是服务器端程序运行的结果。

8.1.1 动态网页工作原理

动态网页技术的原理是：使用不同技术编写的动态页面保存在Web服务器内，当客户端用户向Web服务器发出访问动态页面的请求时，Web服务器将根据用户所访问页面的后缀名确定该页面所使用的网络编程技术，然后把该页面提交给相应的解释引擎；解释引擎扫描整个页面找到特定的定界符，并执行位于定界符内的脚本代码以实现不同的功能，如访问数据库，发送电子邮件，执行算术或逻辑运算等，最后把执行结果返回Web服务器；最终，Web服务器把解释引擎的执行结果连同页面上的HTML内容以及各种客户端脚本一同传送到客户端。虽然，客户端用户所接收到的页面与传统页面并没有任何区别，但是实际上页面内容已经经过了服务端处理。如图8-1所示为动态网页的工作原理图。

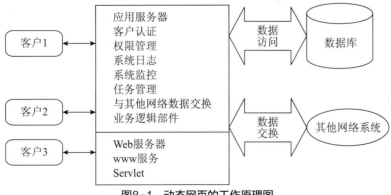

图8-1　动态网页的工作原理图

8.1.2 动态网站技术核心

动态网站的工作方式其实很简单。但是要使动态网站动起来并不简单，其中会需要多种技术支撑，分别为数据传输、数据存储和服务管理。

1. 数据传输

HTTP是专门负责数据传输的，但是HTTP仅是一个应用层的自然协议。如何获取HTTP请求消息？必须使用一种技术来实现。

可以选用一种编程语言（如C、Java等）来设置和接收HTTP请求和响应消息的构成，但是这种过程非常费时、费力，也易错。

服务器技术的一个核心功能就是负责对HTTP请求和响应消息进行控制。例如，在ASP中，直接调用Request和Response这两个对象，然后利用它们包含的属性和方法就可以完成HTTP请求和响应的控制。在其他服务器技术中，也提供这些基本功能，但是所使用的对象和方法可能略有不同。

2. 数据存储

数据传输是动态网站的基础。但是如何存储数据也是动态网站必须解决的核心问题之一。

如果使用HTTP来完成所有信息的共享和传输是很不现实的，也是行不通的。最理想的方法是服务器能够提供一种技术来存储不同类型的数据，如应用程序级变量（存储的信息为所有人共享）和会话级变量（存储的信息仅为某个用户使用）。一般的服务器技术能够提供服务器内存管理，在服务器内存里划分出不同区域，专门负责存储不同类型的变量，以实现数据的共享和传递。另外，一般的服务器技术会提供Cookie技术，以便把用户信息保存到用户本地的计算机中，使用时随时从客户端调出来，从而实现信息的长久保存和再利用。

3. 服务管理

实现动态网站的数据传输和存储后，动态网站的条件就基本成立了。如果希望动态网站能够稳健地运行，还需要一套技术来维持这种运行状态。这套技术就是服务器管理，实际上这也是服务器技术中最复杂的功能。

当然，这里所说的服务管理是狭义的管理概念，它仅包括服务器参数设置、动态网站环境设置、网站内不同功能模块之间的协同管理，如网站物理路径和相对路径的管理、服务器安全管理、网站默认值管理、扩展功能管理和辅助功能管理，以及一些管理工具支持等。

如果没有服务器管理技术，整个服务器可能只能运行一个网站（或一个Web应用程序），动态网页也无法准确定位自己的位置。例如，在ASP服务器技术中，可以利用Server对象来管理各种功能，如网页定位、环境参数设置、安装扩展插件等。

8.2 动态网站技术类型

目前，常用的三类服务器技术是活动服务器网页（Active Server Pages，ASP）、Java服务器网页（JavaServer Pages，JSP）、超文本预处理程序（Hypertext Preprocessor，PHP）。这些技术的核心功能都是相同的，但是它们基于的开发语言不同，实现功能的途径也存在差异。如果掌握了一种服务器技术，再学习另一种服务器技术，就会简单多了。用这些服务器技术都可以设计出常用动态网页功能，对于一些特殊功能，虽然不同服务器技术的支持程度不同，操作的难易程度也略有差别，甚至还有些功能必须借助各种外部扩展才可以实现。

8.2.1 ASP

ASP是微软公司开发的代替CGI脚本程序的一种应用，它可以与数据库和其他程序进行交互，是一种简单、方便的编程工具。ASP的网页文件的扩展名是.asp，现在常用于各种动态网站中。ASP是一种服务器端脚本编写环境，可以用来创建和运行动态网页或Web应用程序。ASP采用VBScript和JavaScript脚本语言作为开发语言，也可以嵌入其他脚本语言。ASP服务器技术只能在Windows系统中使用。

ASP网页具有以下特点。

（1）利用ASP可以突破静态网页的一些功能限制，实现动态网页技术。

（2）ASP文件是包含在HTML代码所组成的文件中的，易于修改和测试。

（3）服务器上的ASP解释程序会在服务器端执行ASP程序，并将结果以HTML格式传送到客户端浏览器，因此使用各种浏览器都可以正常浏览ASP所产生的网页。

（4）ASP提供了一些内置对象，使用这些对象可以使服务器端脚本功能更强。例如，可以从Web浏览器中获取用户通过HTML表单提交的信息，并在脚本中对这些信息进行处理，然后向Web浏览器发送信息。

（5）ASP可以使用服务器端ActiveX组件来执行各种各样的任务，如存取数据库、发送E-mail或访问文件系统等。

（6）由于服务器是将ASP程序执行的结果以HTML格式传回客户端浏览器，因此使用者不会看到ASP所编写的原始程序代码，可防止ASP程序代码被窃取。

（7）方便连接ACCESS与SQL数据库。

（8）开发需要有丰富的经验，否则会留出漏洞，让黑客利用进行注入攻击。

8.2.2　PHP

PHP也是一种比较流行的服务器技术，它最大的优势就是开放性和免费服务。不用花费一分钱，就可以从PHP官方站点（http://www.php.net）下载PHP服务软件，并不受限制地获得源码，甚至可以加进自己的功能。PHP服务器技术能够兼容不同的操作系统。PHP页面的扩展名为.php。

PHP有以下特性。

（1）开放的源代码：所有的PHP源代码事实上都可以得到。

（2）PHP是免费的：和其他技术相比，PHP本身免费，而且是开源代码。

（3）PHP的快捷性：程序开发快，运行快，技术本身学习快。因为PHP可以被嵌入HTML语言，它相对于其他语言，编辑简单，实用性强，更适合初学者。

（4）跨平台性强：由于PHP是运行在服务器端的脚本，可以运行在UNIX、LINUX、Windows下。

（5）效率高：PHP消耗相当少的系统资源。

（6）图像处理：用PHP动态创建图像。

（7）面向对象：在php4、php5中，面向对象方面都有了很大的改进，现在PHP完全可以用来开发大型商业程序。

（8）专业专注：PHP支持脚本语言为主，同为类C语言。

8.2.3　JSP

JSP是Sun公司倡导、许多公司参与一起建立的一种动态网页技术标准。JSP可以在Serverlet和JavaBean技术的支持下，完成功能强大的Web应用开发。另外，JSP也是一种跨多个平台的服务器技术，几乎可以执行于所有平台。

JSP技术是用Java语言作为脚本语言的，JSP网页为整个服务器端的Java库单元提供了一个接口来服务于HTTP的应用程序。

在传统的网页HTML文件(*.htm,*.html)中加入Java程序片段和JSP标记(tag)，就构成了JSP网页(*.jsp)。Web服务器在遇到访问JSP网页的请求时，首先执行其中的程序片段，然后将执行结果以HTML格式返回给客户。程序片段可以操作数据库、重新定向网页以及发送E-mail等，这就是建立动态网站所需要的功能。

JSP的优点如下。

（1）对于用户界面的更新，其实就是由 Web Server进行的，所以更新很快。

（2）所有的应用都是基于服务器的，可以时刻保持最新版本。

（3）客户端的接口不是很烦琐，对于各种应用易于部署、维护和修改。

8.2.4　ASP、PHP和JSP比较

ASP、PHP和JSP这三大服务器技术具有很多共同的特点。

（1）ASP、PHP和JSP都是在HTML源代码中混合其他脚本语言或程序代码。其中，HTML源代码主要负责描述信息的显示结构和样式，而脚本语言或程序代码用来描述需要处理的逻辑。

（2）程序代码都是在服务器端经过专门的语言引擎解释执行，然后把执行结果嵌入HTML文档中，最后一起发送给客户端浏览器。

（3）ASP、PHP和JSP都是面向Web服务器的技术，客户端浏览器不需要任何附加的软件支持。

当然，它们也存在很多不同。

（1）JSP代码被编译成Servlet，并由Java虚拟机解释执行，这种编译操作仅在对JSP页面的第一次请求时发生，以后就不再需要编译。ASP和PHP则每次请求都需要进行编译。因此，从执行速度上来说，JSP的效率最高。

（2）目前，国内的PHP和ASP应用最为广泛。由于JSP是一种较新的技术，国内使用较少。但是在国外，JSP已经是比较流行的一种技术，尤其电子商务类网站多采用JSP。

（3）由于免费的PHP缺乏规模支持，使得它不适合大型电子商务站点，而更适合一些小型商业站点。ASP和JSP则没有PHP的这个缺陷。ASP可以通过微软的COM技术获得ActiveX扩展支持，JSP可以通过Java Class和EJB获得扩展支持。同时升级后的ASP.NET更是获得.NET类库的强大支持，编译方式也采用了JSP的模式，功能可以与JSP相抗衡。

总之，ASP、PHP和JSP三者各有所长，可以根据三者的特点选择一种适合自己的语言。

8.3　在本地计算机中安装和配置IIS

要建立动态Web应用程序，必需建立一个Web服务器，选择一门Web应用程序开发语言，为了应用的深入还需要选择一款数据库管理软件。同时，因为是在Dreamweaver中开发，还需要建立一个Dreamweaver站点，该站点能够随时调试动态页面。

8.3.1　IIS简介

ASP是微软开发的动态网站技术，它继承了微软产品的一贯优秀传统，该技术只能在微软的服务器产品（也就是服务器组件）内运行。微软提供的支持ASP技术的产品如下。

➤ 互联网信息服务（Internet Information Server，IIS），主要在Windows 2000及以后版本中运行，这里重点介绍在IIS下建立动态网页。

➤ 个人网页服务（Personal Web Server，PWS），主要在Windows 98上运行，由于该版本已经被淘汰，这里不再介绍。

➤ ChiliSoft是在Unix以及其他非Windows系统下的一个组件，专门用来支持ASP，但是它不是微软开发的组件。由于ASP本身功能有限，必须通过COM技术来扩展ASP的功能，但是非Windows系统是不支持COM技术的。

IIS是一种Web服务组件，它提供的服务包括Web服务器、FTP服务器、NNTP服务器和SMTP服务器，这些服务分别用于网页浏览、文件传输、新闻服务和邮件发送等方面。使用这个组件提供的功能，使得在网络（包括互联网和局域网）上发布信息成了一件很简单的事情。

IIS组件的一个重要特性就是支持ASP。IIS 3.0版本以后引入了ASP，用它可以很容易地开发Web应用程序和动态站点。对于VBScript、JavaScript脚本语言，或者由Visual Basic、Java、Visual C++开发工具，以及现有的CGI脚本开发的应用程序，IIS都提供强大的本地支持。

在Windows 2000版本中默认包含了IIS 5.0组件，在Windows XP操作系统中则包含5.1版本，但是需要用户自己单独安装该组件，安装时需要系统安装盘。Windows Server 2003版本中默认安装了IIS 6版本。IIS 6与IIS 5相比添加了增强选项，并且修补了请求处理架构。IIS 7随Vista版本一起发布。

指点迷津

如果在系统中只安装了Dreamweaver，没有安装任何服务器软件，那么只能制作静态的网页。因为没有网站服务器环境，就无法发挥Dreamweaver创建动态网页的强大功能。

8.3.2　安装IIS组件

要在Windows XP下安装IIS，首先应该确保Windows XP中已经用SP1或更高版本进行了更新，同时必须安装了IE6.0或更高版本的浏览器。安装IIS的具体操作步骤如下。

01 在Windows 7系统下，执行"开始"|"控制面板"命令，如图8-2所示。

图8-2　单击"控制面板"

02 打开控制面板，单击"程序"，如图8-3所示。

图8-3　单击"程序"

03 单击"程序和功能"下面的"打开或关闭Windows功能"，如图8-4所示。

图8-4　单击"打开或关闭Windows功能"

04 弹出"Windows功能"对话框，如图8-5所示。

05 找到Internet信息服务S2005，如果要调试站点的话，必须有"Windows身份验证"。

"摘要式身份验证"是使用 Windows域控制器对请求访问 Web服务器上内容的用户进行身份验证。

"基本身份验证"是要求用户提供有效的用户名和密码才能访问内容。

图8-5　"Windows功能"对话框

调试ASP要安装IIS支持ASP的组件。选择后单击"确定"按钮，弹出如图8-6所示的Microsoft Windows对话框。

图8-6　"Microsoft　Windows"对话框

06 安装完毕后，启动IE浏览器，在地址栏中输入http://localhost，如果能够显示IIS欢迎字样，表示安装成功，如图8-7所示。要注意不同版本的Windows操作系统在安装成功后所显示的信息样式是不同的。

图8-7　IE浏览器中的欢迎字样

8.3.3　配置IIS组件

安装成功并不等于高枕无忧了，应该了解IIS的基本配置，这样才能够很好地建立稳健的站点服务环境。IIS的环境是非常复杂的，它涉及很多系统、专业的知识和技术。对于网管员来说，应该透彻地熟悉IIS的管理，但是对于初学者来说，IIS所提供的很多功能暂时还用不上，只需按默认配置即可运行动态网站。如IIS默认启用文档为index.htm，当希望将主页更改成index.asp时，就必须使用如图8-8所示的Internet信息服务设置。

图8-8 IIS服务管理器

设置默认站点的具体操作步骤如下。

01 执行"开始"|"控制面板"命令，打开"控制面板"窗口，在"控制面板"窗口中单击"系统和安全"图标，如图8-9所示。

图8-9 单击"系统和安全"图标

02 单击"管理工具"图标，如图8-10所示。

图8-10 单击"管理工具"图标

03 双击"Internet信息服务器(IIS)管理器"，如图8-11所示。

指点迷津

在"IP地址"中当前显示的是"全部未分配"，如果没有固定的IP地址，建议不要修改这个选项，这样管理员会以本地的默认IP作为网站服务器的显示地址。

图8-11 双击"Internet信息服务器(IIS)管理器"

04 弹出"Internet信息服务器(IIS)管理器"窗口，右击"网站"，在弹出的快捷菜单中执行"添加网站"命令，如图8-12所示。

指点迷津

一般，本地站点的网站资源均来自本地计算机，因此保持默认选项即可（即勾选"此计算机上的目录"选项），如果网站资源位于局域网的其他计算机中，则应该勾选"另一台计算机上的共享"选项，如果网站资源位于互联网上，则可以勾选"重定向到URL"选项。

图8-12 "Internet信息服务器(IIS)管理器"窗口

05 弹出"添加网站"对话框，在对话框中进行相应的设置，如图8-13所示。

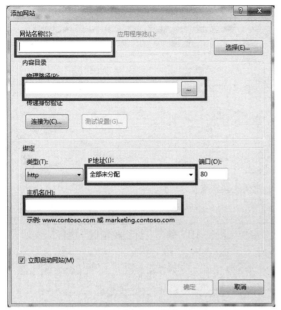

图8-13 "添加网站"对话框

8.4 在Dreamweaver中定义本地站点

既然是动态站点，肯定会包含ASP程序（带有.asp扩展名的网页），这些动态网页仅在本地机上是无法直接预览的，此时需要互联网信息服务组件的支持。因此只有在本地机上安装了IIS服务器组件，将本地机设置为一台真正的动态网站服务器，才能够预览动态网页。

8.4.1 定义虚拟目录

虚拟目录是指向存储在计算机上的Web文件和Web文件夹的指针，并用于内容管理。虚拟目录需要在主目录的基础上进行创建，简单说它就是主目录的一个虚拟子目录（在URL中而言）。创建虚拟目录的步骤如下。

01 执行"开始"|"控制面板"命令，打开"控制面板"窗口，如图8-14所示。

02 单击"管理工具"图标，进入"管理工具"窗口，然后在其中双击"Internet信息服务（IIS）管理器"，如图8-15所示。

图8-14 "控制面板"窗口

图8-15 双击"Internet信息服务(IIS)管理器"

03 弹出"Internet 信息服务（IIS）管理器"窗口，在窗口左侧依次展开"网站"|"默认站点"目录，右键单击"默认站点"名称，在弹出的快捷菜单中执行"添加虚拟目录"命令，如图8-16所示。

图8-16 执行"添加虚拟目录"命令

04 打开"添加虚拟目录"对话框，在"别名"文本框中输入一个虚拟目录的名称（如mysite、shop等），名称最好与网站内容相对应，这里输入mysite，单击"物理路径"文本框右侧的"浏览"按钮，可以在本地磁盘或网上邻居中选择目标目录，虚拟目录与网站的主目录可以不在一个分区或物理磁盘中，指定为"我的文档"文件夹中的mysite子目录，如图8-17所示。

图8-17 "添加虚拟目录"对话框

05 单击"确定"按钮，关闭虚拟目录创建向导。通过上述设置，就可以通过http://localhost/mysite//的形式访问虚拟目录中的内容了。此时在"Internet信息服务（IIS）管理器"窗口的左侧，会看到"默认站点"目录下显示已创建的虚拟目录，如图8-18所示。

图8-18 创建的虚拟目录

8.4.2 创建用户

用户是登录操作系统时输入的用户名。其中用户的权限由系统管理员进行分配，用户的权限将影响访问者对网站的操作及FTP等WWW服务，它最终将决定访问者具有的权限。下面将介绍如何在Windows 7的"计算机管理"控制台中创建用户，具体操作步骤如下。

01 执行"我的电脑"|"控制面板"|"管理工具"命令，单击"计算机管理"图标，如图8-19

所示。打开"计算机管理"窗口，在左侧选择"本地用户和组"|"用户"，如图8-20所示。

图8-19 单击"计算机管理"图标

图8-20 选择"用户"

02 单击鼠标右键，在弹出的快捷菜单中执行"新用户"命令，弹出"新用户"对话框，添加用户名、全名、描述等信息，并设置密码，如图8-21所示。

图8-21 "新用户"对话框

03 单击"创建"按钮，并单击"关闭"按钮返回。此时，新用户账号出现在"计算机管理器"窗口中的用户列表中，如图8-22所示。

图8-22 添加的新用户

04 双击列表中新添加的用户，弹出"属性"对话框，切换至"隶属于"选项卡，单击"添加"按钮，并在弹出的"选择组"对话框中单击"高级"按钮，弹出"选择组"对话框，单击"立即查找"按钮，并在其下出现的"名称"列表中，选中Guests，最后单击"确定"按钮，选择该用户组，如图8-23所示。

图8-23 选择用户组

05 再次单击"确定"按钮，完成用户组的添加，如图8-24所示。

图8-24 完成用户组的添加

8.5 常见的数据库管理系统

目前，有许多数据库产品，如Oracle、Microsoft SQL Server和Microsoft Access等产品各以自己特有的功能，在数据库市场上占有一席之地。下面简要介绍几种常用的数据库管理系统。

1. Oracle

Oracle是一个最早商品化的关系型数据库管理系统，也是应用广泛、功能强大的数据库管理系统。Oracle作为一个通用的数据库管理系统，不仅具有完整的数据管理功能，还是一个分布式数据库系统，支持各种分布式功能，特别是支持Internet应用。作为一个应用开发环境，Oracle提供了一套界面友好、功能齐全的数据库开发工具。Oracle使用PL/SQL语言执行各种操作，具有可开放性、可移植性、可伸缩性等功能。特别是在Oracle 8中，支持面向对象的功能，如支持类、方法、属性等，使得Oracle产品成为一种对象/关系型数据库管理系统。

2. Microsoft SQL Server

Microsoft SQL Server是一种典型的关系型数据库管理系统，可以在许多操作系统上运行，它使用Transact-SQL语言完成数据操作。由于Microsoft SQL Server是开放式的系统，其他系统可以与它进行好的交互操作。目前最新版本的产品为Microsoft SQL Server 2019，它具有可靠性、可伸缩性、可用性、可管理性等特点，为用户提供完整的数据库解决方案。

3. Microsoft Access

作为Microsoft Office组件之一的Microsoft Access是在Windows环境下非常流行的桌面型数据库管理系统。使用Microsoft Access无须编写任何代码，只需通过直观的可视化操作就可以完成大部分数据管理任务。在Microsoft Access数据库中，包括许多组成数据库的基本要素。这些要素是存储信息的表、显示人机交互界面的窗体、有效检索数据的查询、信息输出载体的报表、提高应用效率的宏、功能强大的模块工具等。它不仅可以通过ODBC与其他数据库相连，实现数据交换和共享，还可以与Word、Excel等办公软件进行数据交换和共享，并且通过对象链接与嵌入技术在数据库中嵌入和链接声音、图像等多媒体数据。

Access更适合一般的企业网站，因为开发技术简单，而且在数据量不是很大的网站上，检索速度快。不用专门分离出数据库空间，数据库和网站在一起，节约了成本。而一般的大型政府网站、门户网站，由于数据量比较大，所以选用SQL数据库，可以提高海量数据检索的速度。

8.6 创建Access数据库

与其他关系型数据库系统相比，Access提供的各种工具既简单又方便。更重要的是，Access提供了更为强大的自动化管理功能。

下面以Access为例讲述数据库的创建，具体操作步骤如下。

知识要点

数据库是计算机中用于储存、处理大量数据的软件。在创建数据库时，将数据存储在表中，表是数据库的核心。在数据库的表中可以按照行或列来表示信息。表的每一行称为一个"记录"，而表中的每一列称为一个"字段"，字段和记录是数据库中最基本的术语。

01 启动Access软件，执行"文件"|"新建"命令，单击"创建"按钮，如图8-25所示。

图8-25 单击"创建"按钮

02 执行"文件"|"数据库另存为"命令，弹出"另存为"对话框，如图8-26所示。

03 在"文件名"文本框中输入文件名称，单击"保存"按钮即可将数据库保存。

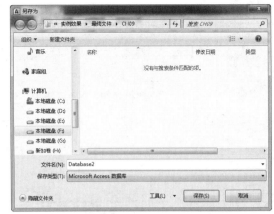

图8-26 "另存为"对话框

8.7 创建数据库连接

动态页面需要结合后台数据库，自动更新网页，所以离开数据库的网页也就谈不上动态页面。任何内容的添加、删除、修改、检索都是建立在连接基础上的，所以连接非常重要。下面就介绍如何利用Dreamweaver设置数据库连接。

8.7.1 创建ODBC数据源

要在ASP中使用ADO对象来操作数据库，首先要创建一个指向该数据库的ODBC连接。在Windows系统中，ODBC连接主要通过ODBC数据源管理器来完成。下面就以Windows 7为例介绍ODBC数据源的创建过程，具体操作步骤如下。

01 执行"控制面板"|"系统和安全"|"管理工具"|"数据源（ODBC）"命令，如图8-27所示。

图8-27 单击"数据源（ODBC）"

02 弹出"ODBC数据源管理器"对话框,如图8-28所示。

图8-28　"ODBC数据源管理器"对话框

03 切换到"系统DSN"选项卡,单击"添加"按钮,如图8-29所示。

图8-29　单击"添加"按钮

知识要点

有时在计算机中找不到Access,运行C:\Windows\SysWOW64\odbcad32.exe即可,如图8-30所示。

图8-30　没有Access

04 弹出"创建新数据源"对话框,选择Driver do Microsoft Access(*mdb),单击"完成"按钮,如图8-31所示。弹出"ODBC Microsoft Access安装"对话框,选择数据库的路径,在"数据源名"文本框中输入数据源的名称,如图8-32所示。

图8-31　"创建新数据源"对话框

图8-32　"ODBC Microsoft Access安装"对话框

05 单击"确定"按钮,在如图8-33所示的对话框中可以看到创建的数据源db。

图8-33　创建的数据源db

8.7.2　用DSN数据源连接数据库

数据源名称(Data Source Name,DSN)表示将应用程序和数据库相连接的信息集合。ODBC数据源管理器使用该信息来创建指向数据库的连接。通常DSN可以保存在文件或注册表中。简而言之,所谓构建ODBC连接,实际上就是创建同数据源的连接,也就是创建DSN。一旦创建了一个指向数据库的ODBC连接,同该数据库连接的有关信息就被保存在DSN中,而在程序中如果要操作数据库,也必须通过DSN来进行。准备工作都做好后,就可以连接数据库了。

创建DSN连接的具体操作步骤如下。

01 启动Dreamweaver，执行"窗口"|"数据库"命令，打开"数据库"面板，在面板中单击 ⊞ 按钮，在弹出的菜单中选择"数据源名称（DSN）"选项，如图8-34所示。

图8-34 "数据库"面板

02 弹出如图8-35所示的"数据源名称（DSN）"对话框，在对话框中的"连接名称"文本框中输入conn，在"数据源名称（DSN）"下拉列表中选择liuyan。

图8-35 "数据源名称（DSN）"对话框

03 单击"测试"按钮，如果成功弹出如图8-36所示的对话框，数据库就连接好了。单击"确定"按钮，返回到"数据库"面板，就可以看到新建的数据源，如图8-37所示，接下来就要通过它到数据库中读取数据了。

图8-36 测试成功　　图8-37 "数据库"面板

8.8 本章小结

一般来说，一个真正的、完整的站点是离不开数据库的，因为实际应用中需要保存的数据很多，而且这些数据之间往往还有关联，利用数据库来管理这些数据，可以很方便地查询和更新。Dreamweaver有一个最重要的功能，就是它可以非常轻松地连接数据库，而与数据库的连接是网站建设中很重要的部分。

第3部分

动态网站常见模块

第9章

设计制作新闻发布管理系统

本章导读

新闻发布管理系统是网站最基本且非常重要的模块，如大型门户网站新浪、搜狐、网易等都有新闻模块。这些网站每天都要发布数以万条的新闻资讯，为用户提供大量的、门类齐全的信息。这些信息都是通过新闻管理模块来管理的，利用管理模块，管理人员可以很方便地进行网站内容的更新。本章主要学习新闻发布管理系统的设计制作过程。

技术要点

- ⊙ 熟悉新闻发布系统的设计分析
- ⊙ 掌握制作新闻系统主要页面的方法
- ⊙ 掌握创建数据表与数据库连接的方法

实例展示

后台管理主页面

后台登录页面

新闻列表页面

新闻详细页面

9.1 系统设计分析

新闻网站属于资讯网的一种，其作用和目的主要是发布信息，并达到信息宣传的效果。因此信息是新闻发布管理系统的主体内容，当信息量达到一定的程度时，使用数据库的方式进行管理是最好的方式。新闻发布管理系统是一个常见的系统，用户要首先分析系统要实现的功能，才能明确该系统的网页组成。基本的新闻发布管理系统可以分为两部分：一是前台页面，此部分包括新闻列表页面和新闻详细页面；二是后台页面，管理员登录后可以添加、修改以及删除新闻记录。如图9-1所示是新闻发布管理系统结构图。

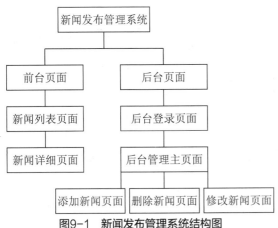

图9-1 新闻发布管理系统结构图

在新闻发布管理系统中，发布新闻即将新闻信息添加到数据库中，查看浏览新闻也是读取数据库中的新闻信息。对新闻的管理操作就是对数据库内容的修改、更新或删除操作。

新闻发布管理系统的一个主要特点就是网站管理员可以登录后台对新闻信息进行管理，因此新闻发布管理系统需要一个管理员后台登录页面。后台登录页面login.asp如图9-2所示，管理员要在这里输入用户名和密码后，才能进入后台管理主页面，这样可以限制没有权限的用户登录后台，增强了系统的安全性。

管理员登录后台后，进入后台管理主页面admin.asp，如图9-3所示，在这个页面中可以对所有的新闻信息进行编辑，如选择添加、修改或删除新闻信息。

图9-2 后台登录页面

图9-3 后台管理主页面

新闻列表页面class.asp如图9-4所示，在这个页面中显示了新闻标题和发表时间，单击新闻标题可以进入新闻详细页面。

新闻详细页面detail.asp如图9-5所示，在这个页面中显示了新闻的详细内容。

图9-4　新闻列表页面

图9-5　新闻详细页面

9.2　创建数据表与数据库连接

首先要设计一个存储新闻信息的数据库文件，以便在开发新闻发布管理系统过程中能够对数据库操作。

9.2.1　创建数据表

本章的新闻发布管理系统数据库news.mdb是使用Access制作的，其中包括两张数据表，分别是新闻信息表news和管理员表admin，其中的字段名称、数据类型和说明分别如表9-1和表9-2所示。

表9-1　新闻信息表news

字段名称	数据类型	说明
news_id	自动编号	自动编号
subject	文本	新闻标题
content	备注	新闻内容
news_date	日期/时间	发表时间
author	文本	作者

表9-2　管理员表admin

字段名称	数据类型	说明
id	自动编号	自动编号
name	文本	用户名
password	文本	密码

高手指导

新闻发布管理系统非常重视新闻发布的时间，因此每添加一条新闻，便同时要记录发布的时间。不过，发布新闻的过程中会因页面提示日期格式的错误，而中断了后台新闻数据的提交。

之所以出现上面的问题，除了所提交数据不符合时间日期格式要求外，主要是因为程序本身缺乏自动化设计的思想。实际上，可以通过设置news_date字段的"默认值"，实现日期时间的自动添加。这样不需要考虑输入数据是否符合格式要求，还可提高工作效率。

news_date字段中应该保存留言被存入数据库时的时间，可以在Access中将其默认值设置为= Now()，这样每当记录保存时，都会自动计算出正确的时间。

9.2.2　创建数据库连接

在Dreamweaver中创建数据库连接的具体操作

步骤如下。

01 打开要创建数据库连接的文档，执行"窗口"|"数据库"命令，打开"数据库"面板，在面板中单击 ⊞ 按钮，在弹出的菜单中选择"自定义连接字符串"选项，如图9-6所示。

图9-6 选择"自定义连接字符串"选项

02 弹出"自定义连接字符串"对话框，在对话框中的"连接名称"文本框中输入news，在"连接字符串"文本框中输入以下代码，如图9-7所示。

```
"Provider=Microsoft.JET.Oledb.
4.0;Data Source="&Server.Mappath("/
news.mdb")
```

图9-7 "自定义连接字符串"对话框

03 单击"确定"按钮，即可成功连接，此时的"数据库"面板如图9-8所示。

图9-8 "数据库"面板

9.3 制作后台管理主页面

后台管理主页面如图9-9所示，它显示所有的新闻，并带有添加、修改和删除新闻的功能。设计的要点是创建记录集、插入动态表格、插入记录集导航条、转到详细页面。

图9-9 后台管理主页面

9.3.1 创建记录集

下面创建记录集Rs1，从新闻表news中按照新闻编号news_id的降序读取新闻信息，具体操作步骤如下。

01 打开网页文档index.htm，将其另存为admin.asp，执行"窗口"|"绑定"命令，如图9-10所示。

图9-10 另存为admin.asp

02 打开"绑定"面板，在面板中单击 ⊞ 按钮，在弹出的菜单中选择"记录集（查询）"选项，如图9-11所示。

图9-11 选择"记录集（查询）"选项

03 弹出"记录集"对话框，在对话框中的"名称"文本框中输入Rs1，在"连接"下拉列表中选择 news，在"表格"下拉列表中选择news，如图9-12所示。

04 "列"设置为"全部"，在"排序"下拉列表中选择news_id和降序，单击"确定"按钮，创建记录 集，如图9-13所示，创建记录集后的代码如下。

图9-12 "记录集"对话框

图9-13 创建记录集

```
<%
Dim Rs1
Dim Rs1_cmd
Dim Rs1_numRows
Set Rs1_cmd = Server.CreateObject ("ADODB.Command")
Rs1_cmd.ActiveConnection = MM_news_STRING
' 使用SELECT语句从新闻信息表news中读取新闻记录
Rs1_cmd.CommandText = "SELECT * FROM news ORDER BY news_id DESC"
Rs1_cmd.Prepared = true
Set Rs1 = Rs1_cmd.Execute
Rs1_numRows = 0
%>
```

代码解析

目前，几乎所有数据库都支持SQL语言，使得它成为一种通用性结构化数据查询语言。表面上，
SQL用于搜索指定条件的记录，而记录搜索的结果实际上可以看作是对数据的过滤。

上面这段代码的核心作用就是使用SELECT语句从新闻信息表news中读取新闻记录，并且按照自
动编号news_id的降序排列。

9.3.2 插入动态表格

下面使用"动态表格"制作新闻列表,具体操作步骤如下。

01 将光标置于相应的位置,单击"数据"插入栏中的"动态表格"按钮,弹出"动态表格"对话框,在对话框中的"记录集"下拉列表中选择Rs1,"显示"选择"10记录","边框"设置为0,"单元格边距"和"单元格间距"分别设置为2,如图9-14所示。

图9-14 "动态表格"对话框

02 单击"确定"按钮,插入动态表格,在"属性"面板中将"宽"设置为590像素,"对齐"设置为"居中对齐",如图9-15所示。

图9-15 插入动态表格

9.3.3 插入记录集导航条

在网页中显示数据库记录,无论是显示一条记录,还是多条记录,都无法将全部记录显示出来,因此有必要建立记录集导航条,具体操作步骤如下。

01 将光标置于动态表格的右边,按Enter键换行,单击"数据"插入栏中的"记录集导航条"按钮,弹出"记录集导航条"对话框,在对话框中的"记录集"下拉列表中选择Rs1,"显示方式"设置为"文本",单击"确定"按钮,插入记录集导航条,如图9-16所示。

图9-16 "记录集导航条"对话框

02 在"属性"面板中将"对齐"设置为"居中对齐",如图9-17所示,插入记录集导航条后的代码如下。

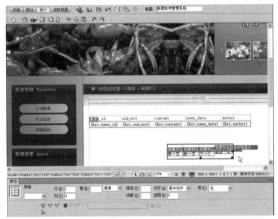

图9-17 插入记录集导航条

知识要点

"动态表格"对话框中主要有以下参数。
- 记录集:在下拉列表中选择需要重复的记录集的名称。
- 显示:设置可重复显示的记录的条数。
- 边框:设置所插入的动态表格的边框。
- 单元格边距:设置所插入的动态表格的单元格内容和单元格边界之间的像素数。
- 单元格间距:设置所插入的动态表格的单元格之间的像素数。

知识要点

"记录集导航条"对话框中主要有以下参数。
- 记录集:在下拉列表中选择导航分页的记录集的名称。
- 显示方式:设置导航条以哪种方式显示。
  文本:选择此单选按钮,会以"上一页""下一页"等方式进行显示。
  图像:选择此单选按钮,Dreamweaver将自动产生4幅图像,分别表示"第一页""下一页""上一页"和"最后一页"的功能。

113

```
<table border="0" align="center">
<tr>
<td><% If MM_offset <> 0 Then %><a href="<%=MM_moveFirst%>">第一页</a>
<% End If ' end MM_offset <> 0 %>
</td>
<td><% If MM_offset <> 0 Then %><a href="<%=MM_movePrev%>">前一页</a>
<% End If ' end MM_offset <> 0 %>
</td>
<td><% If Not MM_atTotal Then %><a href="<%=MM_moveNext%>">下一页</a>
<% End If %>
</td>
<td><% If Not MM_atTotal Then %><a href="<%=MM_moveLast%>">最后一页</a>
<% End If %>
</td>
</tr>
</table>
```

代码解析

　　这段代码的核心作用是记录集分页。记录集分页是指以分页显示的方式，在页面浏览记录集中的所有记录。显然记录集的数量较大时可以采用记录集分页技术。记录集分页的优点有两个：一是避免对所有数据的提取，减轻服务器的负担，进而提高页面的执行效率；二是提高页面数据的阅读性，并同时保持页面的美观。

03 将光标置于记录集导航条的右边，按Enter键换行，执行"插入"|"表格"命令，插入1行1列的表格，如图9-18所示。

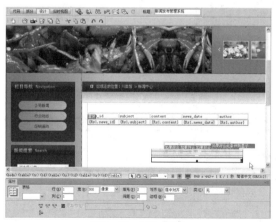

图9-18　插入表格

04 在"属性"面板中将"填充"和"间距"分别设置为2，"对齐"设置为"居中对齐"，将光标置于表格中，输入相应的文字，如图9-19所示。

图9-19　输入文字

05 选中文字"添加"，在"属性"面板中的"链接"文本框中输入addnews.asp，如图9-20所示，选中表格，执行"窗口"|"服务器行为"命令。

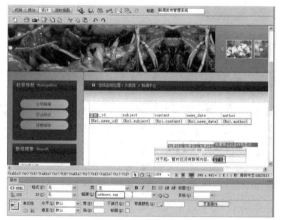

图9-20　设置链接

06 打开"服务器行为"面板，在面板中单击⊞按钮，在弹出的菜单中选择"显示区域"|"如果记

录集为空则显示区域"选项，如图9-21所示。

图9-21 选择"如果记录集为空则显示区域"选项

07 弹出"如果记录集为空则显示区域"对话框，在对话框中的"记录集"下拉列表中选择Rs1，如图9-22所示。

图9-22 "如果记录集为空则显示区域"对话框

08 单击"确定"按钮，创建"如果记录集为空则显示区域"服务器行为，如图9-23所示。

图9-23 创建服务器行为

09 选中动态表格和记录集导航条，单击"服务器行为"面板中的 ➕ 按钮，在弹出的菜单中选择"显示区域"|"如果记录集不为空则显示区域"选项，如图9-24所示。

10 弹出"如果记录集不为空则显示区域"对话框，在对话框中的"记录集"下拉列表中选择Rs1，如图9-25所示，单击"确定"按钮，创建服务器行为。

11 将动态表格中的第3列单元格中的内容删除，将第1行单元格和第2行第5列单元格的英文字段修改为文字，如图9-26所示。

图9-24 选择"如果记录集不为空则显示区域"选项

图9-25 "如果记录不为空则显示区域"对话框

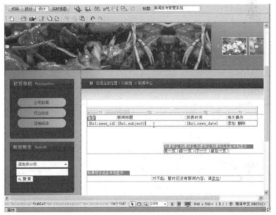

图9-26 将英文字段修改为文字

12 选中文字"添加"，在"属性"面板中的"链接"文本框中输入addnews.asp，设置链接，如图9-27所示。

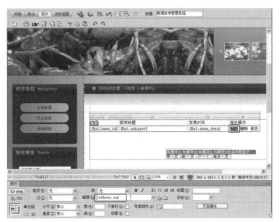

图9-27 设置链接

9.3.4 转到详细页面

下面使用"转到详细页面"服务器行为链接到删除新闻页面和修改新闻页面，具体操作步骤如下。

01 选中文字"修改"，单击"服务器行为"面板中的田按钮，在弹出的菜单中选择"转到详细页面"选项，弹出"转到详细页面"对话框，在"详细信息页"文本框中输入modifynews.asp，在"记录集"下拉列表中选择Rs1，在"列"下拉列表中选择news_id，如图9-28所示。

02 单击"确定"按钮，创建"转到详细页面"服务器行为，如图9-29所示。

图9-28　"转到详细页面"对话框

图9-29　创建服务器行为

提示 📑

在这里不用勾选"URL参数"复选框，因为程序会自动获取所设置列名为参数名，若是没有特殊的修改，建议可以直接使用。

03 选中文字"删除"，单击"服务器行为"面板中的田按钮，在弹出的菜单中选择"转到详细页面"选项，弹出"转到详细页面"对话框，

在"详细信息页"文本框中输入delnews.asp，在"记录集"下拉列表中选择Rs1，在"列"下拉列表中选择news_id，单击"确定"按钮，创建"转到详细页面"服务器行为，如图9-30所示。

图9-30　"转到详细页面"对话框

04 单击"服务器行为"面板中的田按钮，在弹出的菜单中选择"用户身份验证"|"限制对页的访问"选项，弹出"限制对页的访问"对话框，在对话框中的"如果访问被拒绝，则转到"文本框中输入login.asp，如图9-31所示。单击"确定"按钮，创建"限制对页的访问"服务器行为。

图9-31　"限制对页的访问"对话框

9.4　制作后台登录页面

新闻发布管理系统的后台管理功能是很重要的，因为新闻是随时更新的，管理员需要登录后台，实时添加、删除或修改数据库中的新闻内容，让网站能随时保持最新信息。

由于后台管理页面不允许网站浏览者进入，访问权限必须受到限制。因此可以通过输入管理员的用户名和密码登录来实现这个功能。后台登录页面如图9-32所示，设计的要点是插入表单对象、身份验证。

图9-32　后台登录页面

9.4.1　插入表单对象

制作后台登录页面时，首先插入"用户名"和"密码"两个文本域，具体操作步骤如下。

01 打开网页文档index.htm，另存为login.asp。将光标置于相应的位置，执行"插入"|"表单"|"表单"命令，插入表单，如图9-33所示。

图9-33　插入表单

02 将光标置于表单中，插入3行2列的表格，在"属性"面板中将"填充"和"间距"分别设置为2，将"对齐"设置为"居中对齐"，"边框"设置为1，"边框颜色"设置为#7CD36E，如图9-34所示。

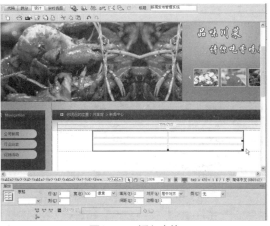

图9-34　插入表格

03 分别在单元格中输入相应的文字，如图9-35所示。

图9-35　输入文字

04 将光标置于第1行第2列单元格中，插入文本域，在"属性"面板中的"文本域"文本框中输入name，"字符宽度"设置为30，"类型"设置为"单行"，如图9-36所示。

图9-36　插入文本域name

05 将光标置于第2行第2列单元格中，插入文本域，在"属性"面板中的"文本域"文本框中输入password，"字符宽度"设置为30，"类型"设置为"密码"，如图9-37所示。

图9-37 插入文本域password

06 将光标置于第3行第2列单元格中，执行"插入"|"表单"|"按钮"命令，插入按钮，在"属性"面板中的"值"文本框中输入"登录"，"动作"设置为"提交表单"，如图9-38所示。

图9-38 插入"登录"按钮

07 将光标置于"登录"按钮的后面，再插入一个按钮，在"属性"面板中的"值"文本框中输入"重置"，"动作"设置为"重设表单"，如图9-39所示。

08 选中表单，执行"窗口"|"行为"命令，打开"行为"面板，在面板中单击"添加行为"按钮 ，在弹出的菜单中选择"检查表单"选项，如图9-40所示。

图9-39 插入"重置"按钮

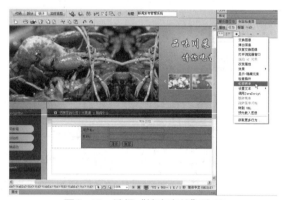

图9-40 选择"检查表单"选项

09 弹出"检查表单"对话框，在对话框中将文本域name和password的"值"设置为"必需的"，"可接受"设置为"任何东西"，如图9-41所示。

10 单击"确定"按钮，将行为添加到"行为"面板中，如图9-42所示。

提示

利用Dreamweaver CC内置行为中的"检查表单"，可以对用户名和密码进行验证。

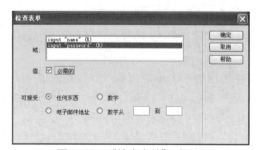

图9-41 "检查表单"对话框

图9-42 添加行为

9.4.2 身份验证

在插入表单对象后，下面就在服务器端添加"登录用户"服务器行为，以验证用户输入的用户名和密码是否正确，具体操作步骤如下。

01 单击"绑定"面板中的 ⊕ 按钮，在弹出的菜单中选择"记录集（查询）"选项，弹出"记录集"对话框，在对话框中的"名称"文本框中输入Rs1，如图9-43所示。

图9-43 "记录集"对话框

02 在"连接"下拉列表中选择news，在"表格"下拉列表中选择admin，"列"设置为"全部"，单击"确定"按钮，创建记录集，如图9-44所示。

图9-44 创建记录集

03 单击"服务器行为"面板中的 ⊕ 按钮，在弹出的菜单中选择"用户身份验证"|"登录用户"选项，如图9-45所示。

图9-45 选择"登录用户"选项

04 弹出"登录用户"对话框，在"从表单获取输入"下拉列表中选择form1，在"使用连接验证"下拉列表中选择news，在"表格"下拉列表中选择admin，在"用户名列"下拉列表中选择name，在"密码列"下拉列表中选择password，在"如果登录成功，转到"文本框中输入admin.asp，在"如果登录失败，转到"文本框中输入login.asp，如图9-46所示。

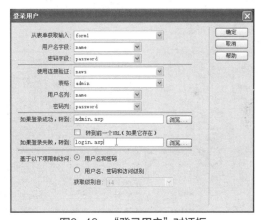

图9-46 "登录用户"对话框

05 单击"确定"按钮，创建"登录用户"服务器行为，如图9-47所示，其代码如下。

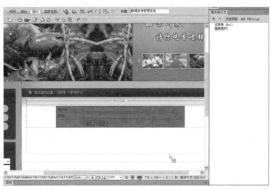

图9-47 创建服务器行为

Dreamweaver+ASP动态网页设计 从新手到高手

代码解析

下面这段代码的核心作用是验证从表单form1中获取的用户名和密码是否与数据库表中的name和password一致。如果一致，则转向后台管理主页面admin.asp。如果不一致，则转向后台登录页面login.asp。

```
<% MM_LoginAction = Request.ServerVariables("URL")
If Request.QueryString <> ""
Then
MM_LoginAction = MM_LoginAction + "?" + Server.HTMLEncode(Request.QueryString)
MM_valUsername = CStr(Request.Form("name"))
If MM_valUsername <> ""
Then
  Dim MM_fldUserAuthorization
  Dim MM_redirectLoginSuccess
  Dim MM_redirectLoginFailed
  Dim MM_loginSQL
  Dim MM_rsUser
  Dim MM_rsUser_cmd
  MM_fldUserAuthorization = ""
' 如果登录成功,则转向admin.asp
  MM_redirectLoginSuccess = "admin.asp"
' 如果登录失败,则转向login.asp
  MM_redirectLoginFailed = "login.asp"
' 使用SELECT语句从新闻信息表中读取name和password
  MM_loginSQL = "SELECT name, password"
  If MM_fldUserAuthorization <> ""
Then
MM_loginSQL = MM_loginSQL & "," & MM_fldUserAuthorization
MM_loginSQL = MM_loginSQL & " FROM [admin] WHERE name = ? AND password = ?"
  Set MM_rsUser_cmd = Server.CreateObject ("ADODB.Command")
  MM_rsUser_cmd.ActiveConnection = MM_news_STRING
  MM_rsUser_cmd.CommandText = MM_loginSQL
  MM_rsUser_cmd.Parameters.Append MM_rsUser_cmd.CreateParameter("param1", 200,
1, 50, MM_valUsername) ' adVarChar
  MM_rsUser_cmd.Parameters.Append MM_rsUser_cmd.CreateParameter("param2", 200,
1, 50, Request.Form("password")) ' adVarChar
  MM_rsUser_cmd.Prepared = true
  Set MM_rsUser = MM_rsUser_cmd.Execute
  If Not MM_rsUser.EOF Or Not MM_rsUser.BOF Then
    Session("MM_Username") = MM_valUsername
    If (MM_fldUserAuthorization <> "")
Then
    Session("MM_UserAuthorization") =
CStr(MM_rsUser.Fields.Item(MM_fldUserAuthorization).Value)
    Else
      Session("MM_UserAuthorization") = ""
    End If
    if CStr(Request.QueryString("accessdenied")) <> "" And false
Then
      MM_redirectLoginSuccess = Request.QueryString("accessdenied")
    End If
    MM_rsUser.Close
    Response.Redirect(MM_redirectLoginSuccess)
```

```
End If
MM_rsUser.Close
Response.Redirect(MM_redirectLoginFailed)
End If%>
```

9.5 制作添加新闻页面

新闻发布管理系统最重要的功能是实现添加新闻，即将页面的表单数据添加到网站的数据库中。添加新闻页面如图9-48所示，设计的要点是插入表单对象、插入记录和限制对页的访问。

图9-48 添加新闻页面

9.5.1 插入表单对象

制作添加新闻页面时首先要插入表单对象，以输入信息，具体操作步骤如下。

01 打开网页文档index.htm，将其另存为addnews.asp。将光标置于相应的位置，执行"插入"|"表单"|"表单"命令，插入表单，如图9-49所示。

02 将光标置于表单中，插入4行2列的表格，在"属性"面板中将"填充"和"间距"分别设置为2，将"对齐"设置为"居中对齐"，"边框"设置为1，"边框颜色"设置为#7CD36E，如图9-50所示。

图9-49 插入表单

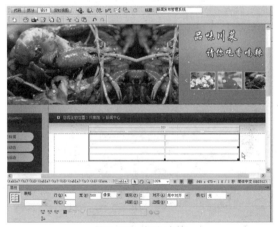

图9-50 插入表格

03 分别在单元格中输入相应的文字，如图9-51所示。

图9-51 输入文字

04 将光标置于第1行第2列单元格中，执行"插入"|"表单"|"文本域"命令。插入文本域，在"属性"面板中的"文本域"文本框中输入subject，将"字符宽度"设置为40，"类型"设置为"单行"，如图9-52所示。

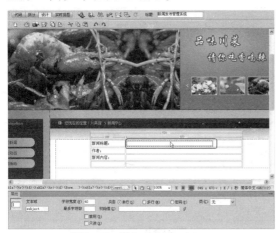

图9-52　插入文本域subject

05 将光标置于第2行第2列单元格中，插入文本域，在"属性"面板中的"文本域"文本框中输入author，"字符宽度"设置为30，"类型"设置为"单行"，如图9-53所示。

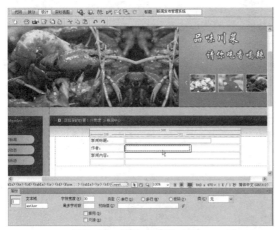

图9-53　插入文本域author

06 将光标置于第3行第2列单元格中，插入文本域，在"属性"面板中的"文本域"文本框中输入content，"行数"设置为8，"类型"设置为"多行"，如图9-54所示。

07 将光标置于第4行第2列单元格中，插入按钮，在"属性"面板中的"值"文本框中输入"提交"，"动作"设置为"提交表单"，如图9-55所示。

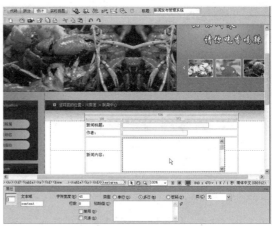

图9-54　插入文本域content

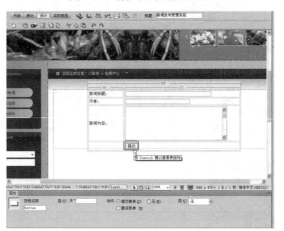

图9-55　插入"提交"按钮

08 将光标置于"提交"按钮的后面，再插入一个按钮，在"属性"面板中的"值"文本框中输入"重置"，"动作"设置为"重设表单"，如图9-56所示。

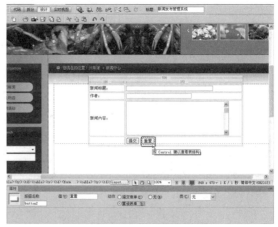

图9-56　插入"重置"按钮

一般来说，要将插入表单的名称设置为数据库表的字段名称，这样在加入插入记录的服务器行为时可对应，省去设置的时间。

9.5.2 插入记录

要把用户在表单中输入的新闻信息保存到服务器端的数据库表中，需要使用"插入记录"服务器行为来实现，具体操作步骤如下。

01 单击"绑定"面板中的➕按钮，在弹出的菜单中选择"记录集（查询）"选项，弹出"记录集"对话框，在对话框中的"名称"文本框中输入Rs1，如图9-57所示。

图9-57 "记录集"对话框

02 在"连接"下拉列表中选择news，在"表格"下拉列表中选择news，"列"设置为"全部"，单击"确定"按钮，创建记录集，如图9-58所示。

03 单击"服务器行为"面板中的➕按钮，在弹出的菜单中选择"插入记录"选项，弹出"插入记录"对话框，在对话框中的"连接"下拉列表中选择news，在"插入到表格"下拉列表中选择news，如图9-59所示。

图9-58 创建记录集

图9-59 "插入记录"对话框

04 在"插入后，转到"文本框中输入admin.asp，在"获取值自"下拉列表中选择form1，单击"确定"按钮，创建"插入记录"服务器行为，如图9-60所示，插入记录的核心代码如下。

图9-60 创建服务器行为

```
<%Dim MM_editAction
MM_editAction = CStr(Request.ServerVariables("SCRIPT_NAME"))
If (Request.QueryString <> "") Then
  MM_editAction = MM_editAction & "?" & Server.HTMLEncode(Request.QueryString)
End If
Dim MM_abortEdit
MM_abortEdit = false%>
<%
If (CStr(Request("MM_insert")) = "form2") Then
  If (Not MM_abortEdit) Then
    ' 使用INSERT INTO语句插入记录到新闻信息表news中
    Dim MM_editCmd
    Set MM_editCmd = Server.CreateObject ("ADODB.Command")
    MM_editCmd.ActiveConnection = MM_news_STRING
```

```
      MM_editCmd.CommandText = "INSERT INTO news (subject, author, content)
VALUES (?, ?, ?)"
      MM_editCmd.Prepared = true
      MM_editCmd.Parameters.Append MM_editCmd.CreateParameter("param1", 202, 1, 50,
Request.Form("subject")) ' adVarWChar
      MM_editCmd.Parameters.Append MM_editCmd.CreateParameter("param2", 202, 1, 50,
Request.Form("author")) ' adVarWChar
      MM_editCmd.Parameters.Append MM_editCmd.CreateParameter("param3", 203, 1,
536870910, Request.Form("content")) ' adLongVarWChar
      MM_editCmd.Execute
      MM_editCmd.ActiveConnection.Close
      ' 转到后台管理主页面admin.asp
      Dim MM_editRedirectUrl
      MM_editRedirectUrl = "admin.asp"
      If (Request.QueryString <> "") Then
        If (InStr(1, MM_editRedirectUrl, "?", vbTextCompare) = 0) Then
          MM_editRedirectUrl = MM_editRedirectUrl & "?" & Request.QueryString
        Else
          MM_editRedirectUrl = MM_editRedirectUrl & "&" & Request.QueryString
        End If
      End If
      Response.Redirect(MM_editRedirectUrl)
    End If
  End If
  %>
```

代码解析

　　"插入记录"服务器行为是制作添加新闻页面的核心技术。这段代码的核心作用是将填写的新闻信息提交到新闻信息表news中，如果提交成功，则转向后台管理主页面。

9.5.3　限制对页的访问

　　添加新闻页面只允许后台登录成功的用户访问，为了禁止没有权限的用户访问添加新闻页面，需要使用"限制对页的访问"服务器行为监视每位后台访问者，具体操作步骤如下。

01 单击"服务器行为"面板中的 ⊞ 按钮，在弹出的菜单中选择"用户身份验证"|"限制对页的访问"选项，弹出"限制对页的访问"对话框，在对话框中的"如果访问被拒绝，则转到"文本框中输入login. asp，如图9-61所示。

图9-61　"限制对页的访问"对话框

02 单击"确定"按钮，创建"限制对页的访问"服务器行为，其代码如下所示。

```
<%MM_authorizedUsers=""
MM_authFailedURL="login.asp"
```

```
MM_grantAccess=false
If Session("MM_Username") <> "" Then
  If (true Or CStr(Session("MM_UserAuthorization"))="") Or _
  (InStr(1,MM_authorizedUsers,Session("MM_UserAuthorization"))>=1) Then
    MM_grantAccess = true
  End If
End If
If Not MM_grantAccess Then
  MM_qsChar = "?"
  If (InStr(1,MM_authFailedURL,"?") >= 1) Then MM_qsChar = "&"
  MM_referrer = Request.ServerVariables("URL")
  if (Len(Request.QueryString()) > 0)
Then MM_referrer = MM_referrer & "?" & Request.QueryString()
  MM_authFailedURL = MM_authFailedURL & MM_qsChar & "accessdenied=
" & Server.URLEncode(MM_referrer)
  Response.Redirect(MM_authFailedURL)
End If%>
```

指点迷津

将数据提交到服务器后，为什么会出现操作必须使用可更新的查询？

这是因为在服务器上并没有写入的权限。在资源管理器中切换到该文件夹后执行"工具"|"文件夹选项"命令，在弹出的对话框中切换到"查看"选项卡，取消勾选"使用简单文件共享（推荐）"复选框，如图9-62所示。

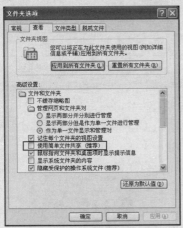

图9-62 "查看"选项卡

单击"确定"按钮，再执行"文件"|"属性"命令，在弹出的对话框中切换到"安全"选项卡，在这里会看到不同的组或用户对文件的使用权限，如图9-63所示。

单击"添加"按钮，在弹出的对话框中的"查找位置"文本框中的值即计算机名，所以要

添加的用户为HEP，如图9-64所示。输入HEP之后单击"检查名称"按钮，如果验证无误，会马上回到原对话框中。

图9-63 "安全"选项卡

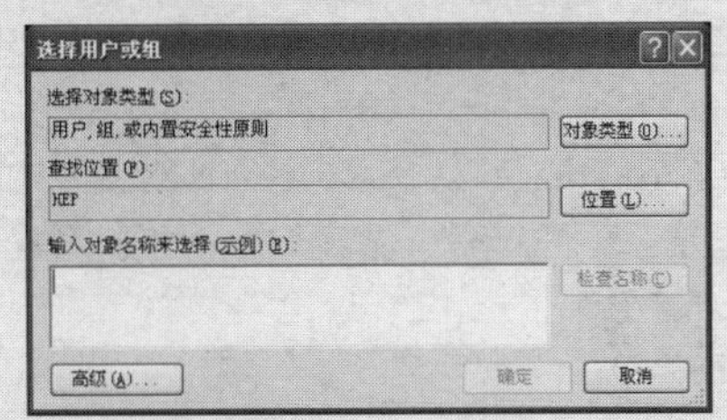

图9-64 添加用户名

最后单击"确定"按钮，完成添加用户的操作。选取这个添加的账号，然后选择"修改"的权限，会发现"写入"的权限也自动被复选，最后单击"确定"按钮，完成设置。如此，这个数据库的文件即能拥有正确的权限来执行了。

9.6 制作删除新闻页面

删除新闻页面如图9-65所示，设计的要点是插入表单对象、创建记录集、删除记录和限制对页的访问，具体操作步骤如下。

图9-65 删除新闻页面

01 打开网页文档index.htm，将其另存为delnews. asp。将光标置于相应的位置，执行"插入"|"表单"|"表单"命令，插入表单，如图9-66所示。

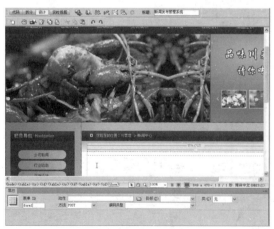

图9-66 插入表单

02 将光标置于表单中，执行"插入"|"表单"|"按钮"命令，插入按钮，在"属性"面板中的"值"文本框中输入"删除新闻"，"动作"设置为"提交表单"，如图9-67所示。

图9-67 插入按钮

03 单击"绑定"面板中的 ⊞ 按钮，在弹出的菜单中选择"记录集（查询）"选项，弹出"记录集"对话框，在"名称"文本框中输入Rs1，在"连接"下拉列表中选择news，如图9-68所示。

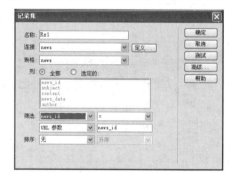

图9-68 "记录集"对话框

04 在"表格"下拉列表中选择news，"列"设置为"全部"，在"筛选"下拉列表中分别选择news_id、=、URL参数和news_id，单击"确定"按钮，创建记录集，如图9-69所示。

图9-69 创建记录集

05 单击"服务器行为"面板中的田按钮,在弹出的
菜单中选择"删除记录"选项,弹出"删除记录"
对话框,在"连接"下拉列表中选择news,在"从
表格中删除"下拉列表中选择news,在"提交此表
单以删除"下拉列表中选择form1,在"删除后,
转到"文本框中输入admin.asp,如图9-70所示。

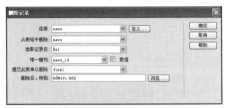

图9-70 "删除记录"对话框

06 单击"确定"按钮,创建"删除记录"服务器
行为,如图9-71所示。删除页面的代码如下。

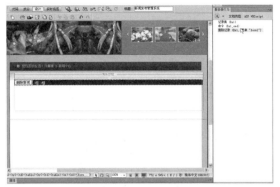

图9-71 创建服务器行为

```
<%
If (CStr(Request("MM_delete")) = "form2" And CStr(Request("MM_recordId")) <> "")
 Then
  If (Not MM_abortEdit)
Then
    Set MM_editCmd = Server.CreateObject ("ADODB.Command")
    MM_editCmd.ActiveConnection = MM_news_STRING
    ' 使用DELETE语句将当前新闻记录从新闻信息表news中删除
    MM_editCmd.CommandText = "DELETE FROM news WHERE news_id = ?"
    MM_editCmd.Parameters.Append MM_editCmd.CreateParameter("param1", 5, 1,
-1, Request.Form("MM_recordId")) ' adDouble
    MM_editCmd.Execute
    MM_editCmd.ActiveConnection.Close
    ' 转到后台管理admin.asp页面
    Dim MM_editRedirectUrl
    MM_editRedirectUrl = "admin.asp"
    If (Request.QueryString <> "")
Then
      If (InStr(1, MM_editRedirectUrl, "?", vbTextCompare) = 0)
Then
        MM_editRedirectUrl = MM_editRedirectUrl & "?" & Request.QueryString
      Else
        MM_editRedirectUrl = MM_editRedirectUrl & "&" & Request.QueryString
      End If
    End If
    Response.Redirect(MM_editRedirectUrl)
  End If
End If
%>
```

07 单击"服务器行为"面板中的田按钮,在弹出的菜单中选择"用户身份验证"|"限制对页的访问"
选项,弹出"限制对页的访问"对话框,在对话框中的"如果访问被拒绝,则转到"文本框中输入login.
asp,选择"用户名和密码"单选按钮,如图9-72所示。

08 单击"确定"按钮,创建"限制对页的访问"服务器行为。

图9-72 "限制对页的访问"对话框

9.7 制作修改新闻页面

修改新闻页面如图9-73所示，设计的要点是创建记录集、更新记录表单向导和创建"限制对页的访问"服务器行为，具体操作步骤如下。

图9-73 修改新闻页面

01 打开网页文档index.htm，将其另存为modifynews.asp。单击"绑定"面板中的按钮，在弹出的菜单中选择"记录集（查询）"选项，弹出"记录集"对话框，在对话框中的"名称"文本框中输入Rs1，如图9-74所示。

02 在"连接"下拉列表中选择news，在"表格"下拉列表中选择news，"列"设置为"全部"，在"筛选"下拉列表中分别选择news_id、=、URL参数和news_id，单击"确定"按钮，创建记录集，如图9-75所示。

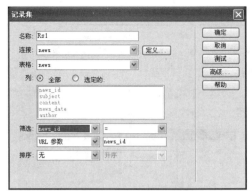

图9-74 "记录集"对话框

图9-75 创建记录集

03 将光标置于相应的位置，单击"数据"插入栏中的"更新记录表单向导"按钮，弹出"更新记录表单"对话框，在对话框中的"连接"下拉列表中选择news，在"要更新的表格"下拉列表中选择news，在"选取记录自"下拉列表中选择Rs1，在"唯一键列"下拉列表中选择news_id，在"在更新后，转到"文本框中输入admin.asp，在"表单字段"列表中选中news_id字段，单击按钮，将其删除，如图9-76所示。

图9-76 "更新记录表单"对话框

04 选中subject字段，在"标签"文本框中输入"新闻标题："；选中author字段，在"标签"文本框中输入"作者："；选中content字段，在"标签"文本框中输入"新闻内容："；在"显示为"下拉列表中选择"文本区域"；选中news_date字段，在"显示为"下拉列表中选择"隐藏域"；在"提交为"下拉列表中选择"日期"，单击"确定"按钮，插入更新记录表单，如图9-77所示，插入更新记录的代码如下所示。

图9-77　插入更新记录表单

```
<%
If (CStr(Request("MM_update")) = "form2") Then
  If (Not MM_abortEdit) Then
    Dim MM_editCmd
    Set MM_editCmd = Server.CreateObject ("ADODB.Command")
    MM_editCmd.ActiveConnection = MM_news_STRING
    ' 使用UPDATE语句更新新闻信息表news中的字段
      MM_editCmd.CommandText = "UPDATE news SET subject = ?, author = ?,
content = ?, news_date = ? WHERE news_id = ?"
    MM_editCmd.Prepared = true
      MM_editCmd.Parameters.Append MM_editCmd.CreateParameter("param1",
202, 1, 50, Request.Form("subject")) ' adVarWChar
      MM_editCmd.Parameters.Append MM_editCmd.CreateParameter("param2",
202, 1, 50, Request.Form("author")) ' adVarWChar
      MM_editCmd.Parameters.Append MM_editCmd.CreateParameter("param3",
203, 1, 536870910, Request.Form("content")) ' adLongVarWChar
    MM_editCmd.Parameters.Append MM_editCmd.CreateParameter("param4", 135, 1, -1,
MM_IIF(Request.Form("news_date"), Request.Form("news_date"), null)) ' adDBTimeStamp
    MM_editCmd.Parameters.Append MM_editCmd.CreateParameter("param5", 5, 1, -1,
MM_IIF(Request.Form("MM_recordId"), Request.Form("MM_recordId"), null)) ' adDouble
    MM_editCmd.Execute
    MM_editCmd.ActiveConnection.Close
    ' 更新成功后转到后台管理主页面admin.asp
    Dim MM_editRedirectUrl
    MM_editRedirectUrl = "admin.asp"
    If (Request.QueryString <> "") Then
      If (InStr(1, MM_editRedirectUrl, "?", vbTextCompare) = 0) Then
        MM_editRedirectUrl = MM_editRedirectUrl & "?" & Request.QueryString
      Else
        MM_editRedirectUrl = MM_editRedirectUrl & "&" & Request.QueryString
      End If
    End If
    Response.Redirect(MM_editRedirectUrl)
  End If
End If
%>
```

代码解析

这段代码的核心作用是使用UPDATE语句更新新闻信息表news中的字段，更新成功后转到后台管理主页面admin.asp。

05 单击"服务器行为"面板中的 ⊞ 按钮，在弹出的菜单中选择"用户身份验证"|"限制对页的访问"选项，弹出"限制对页的访问"对话框，在对话框中的"如果访问被拒绝，则转到"文本框中输入login.asp，如图9-78所示。

图9-78　"限制对页的访问"对话框

06 单击"确定"按钮，创建"限制对页的访问"服务器行为。

指点迷津

当出现修改程序执行"@命令只能在Active Server Page中使用一次"的错误时，应如何解决？

切换到代码视图，到页面的最上方，会看到有两行一模一样的代码，是以<%@…………%>形式存在的，这是产生错误的主因，修改的方式其实相当简单，将其中一行删除即可。

9.8　制作新闻列表页面

新闻网站的首页一般以新闻标题罗列的方式，将全部或主要新闻标题显示在页面中。这样浏览者便可以根据自己的兴趣，通过单击标题超链接进入新闻详细浏览页面。新闻列表页面如图9-79所示，设计的要点是设计页面静态部分、添加记录集、转到详细页面、记录集分页。

图9-79　新闻列表页面

9.8.1　设计页面静态部分

下面先通过插入表格和输入相关文字，制作页面静态部分效果，具体操作步骤如下。

01 打开网页文档index.htm，将其另存为class.asp。将光标置于相应的位置，执行"插入"|"表格"命令，插入1行2列的表格，此表格记为表格1，在"属性"面板中将"填充"和"间距"分别设置为2，将"对齐"设置为"居中对齐"，"边框"设置为1，"边框颜色"设置为#7CD36E，如图9-80所示。

图9-80　插入表格1

02 在表格1中输入相应的文字，如图9-81所示。

图9-81　在表格1中输入文字

03 将光标置于表格1的右边，按Enter键换行，执行"插入"|"表格"命令，插入1行1列的表格，此表格记为表格2，在"属性"面板中将"填充"和"间距"分别设置为2，"对齐"设置为"居中对齐"，如图9-82所示。

图9-82　插入表格2

04 在表格2中输入相应的文字，如图9-83所示。

图9-83　在表格2中输入文字

05 将光标置于表格2的右边，按Enter键换行，执行"插入"|"表格"命令，插入1行1列的表格，此表格记为表格3，在"属性"面板中将"填充"和"间距"分别设置为2，"对齐"设置为"居中对齐"，如图9-84所示。

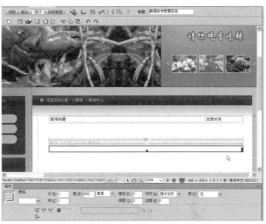

图9-84　插入表格3

06 在表格3中输入相应的文字，如图9-85所示。

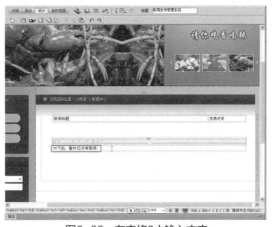

图9-85　在表格3中输入文字

9.8.2　添加记录集

下面添加记录集，从新闻信息表news中读取新闻记录并显示在页面上，具体操作步骤如下。

01 单击"绑定"面板中的⊞按钮，在弹出的菜单中选择"记录集（查询）"选项，弹出"记录集"对话框，在对话框中的"名称"文本框中输入Rs1，在"连接"下拉列表中选择news，如图9-86所示。

02 在"表格"下拉列表中选择news，"列"设置为"全部"，在"排序"下拉列表选择news_id和

降序，单击"确定"按钮，创建记录集，如图9-87
所示，创建记录集的代码如下。

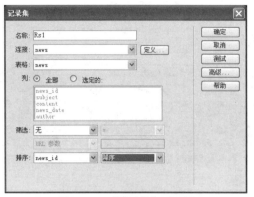

图9-86　"记录集"对话框

图9-87　创建记录集

```
<%
Dim Rs1
Dim Rs1_cmd
Dim Rs1_numRows
Set Rs1_cmd = Server.CreateObject
("ADODB.Command")
  Rs1_cmd.ActiveConnection = MM_
news_STRING
  ' 使用SELECT语句从新闻信息表news中读
取新闻记录
  Rs1_cmd.CommandText = "SELECT *
FROM news ORDER BY news_id DESC"
  Rs1_cmd.Prepared = true
Set Rs1 = Rs1_cmd.Execute
Rs1_numRows = 0
%>
```

代码解析

　　这段代码的核心作用是使用SELECT语句从
新闻信息表news中读取新闻记录，并且按照自动
编号的降序排列记录。

03 选中文字"新闻标题"，在"绑定"面板中
展开记录集Rs1，选中subject字段，单击右下角的
"插入"按钮，绑定字段，如图9-88所示。

图9-88　绑定字段subject

04 选中文字"发表时间"，在"绑定"面板中展
开记录集Rs1，选中news_date字段，单击右下角的
"插入"按钮，绑定字段，如图9-89所示。

图9-89　绑定字段news_date

05 选中表格1，单击"服务器行为"面板中的⊞
按钮，在弹出的菜单中选择"重复区域"选项，
弹出"重复区域"对话框，如图9-90所示。

图9-90　"重复区域"对话框

06 在对话框中的"记录集"下拉列表中选择
Rs1，"显示"设置为"10记录"，单击"确定"
按钮，创建"重复区域"服务器行为，如图9-91
所示。

图9-91　创建服务器行为

提示

在"重复区域"对话框中，如果选择"所有记录"单选按钮，那么记录就会在此网页中显示。如果需要显示的记录很多，那么这个网页就会变得很长，而且运行加载这个网页的速度就会很慢。因此，在设置时建议指定一个每页显示的记录数。

9.8.3　转到详细页面

使用"转到详细页面"服务器行为可以为新闻标题添加链接，链接到新闻详细信息页面，具体操作步骤如下。

01 选中{Rs1.subject}，单击"服务器行为"面板中的 按钮，在弹出的菜单中选择"转到详细页面"选项，弹出"转到详细页面"对话框，在对话框中的"详细信息页"文本框中输入detail.asp，如图9-92所示。

图9-92　"转到详细页面"对话框

02 在"记录集"下拉列表中选择Rs1，在"列"下拉列表中选择news_id，单击"确定"按钮，

创建"转到详细页面"服务器行为，如图9-93所示，其代码如下所示。

图9-93　创建服务器行为

```
<A HREF="detail.asp?<%= Server.
HTMLEncode(MM_keepNone)
  & MM_joinChar(MM_keepNone) & "news_
id="  & Rs1.Fields.Item("news_id").
Value %>">
    <%=(Rs1.Fields.Item("subject").
Value)%></A>
```

代码解析

这段代码的核心作用是给新闻标题添加链接，链接到新闻详细信息页detail.asp。

9.8.4　记录集分页

如果按每页10条记录显示记录集中的数据，还有很多条记录无法显示，这时可通过插入"记录集分页"服务器行为来实现记录集多页显示，具体操作步骤如下。

01 选中文字"首页"，单击"服务器行为"面板中的 按钮，在弹出的菜单中选择"记录集分页"|"移至第一条记录"选项，弹出"移至第一条记录"对话框，如图9-94所示。

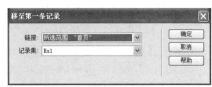

图9-94　"移至第一条记录"对话框

02 在对话框中的"记录集"下拉列表中选择Rs1，单击"确定"按钮，创建"移至第一条记录"服务器行为，如图9-95所示。

图9-95 创建服务器行为

03 按照步骤 **01** ~ **02** 的方法，分别对文字"上一页""下一页"和"最后页"创建"移至前一条记录""移至下一条记录"和"移动到最后一条记录"服务器行为，如图9-96所示。记录集分页的代码如下。

```
<% If MM_offset <> 0 Then %>
<A HREF="<%=MM_moveFirst%>">首页</A>
<% End If ' end MM_offset <> 0 %>
<% If MM_atTotal Then %>
<A HREF="<%=MM_movePrev%>">上一页</A>
<% End If ' end MM_atTotal %>
<% If MM_offset = 0 Then %>
<A HREF="<%=MM_moveNext%>">下一页</A>
<% End If ' end MM_offset = 0 %>
<% If Not MM_atTotal Then %>
<A HREF="<%=MM_moveLast%>">最后页</A>
<% End If ' end Not MM_atTotal %>
```

图9-96 创建其他服务器行为

04 选中文字"首页"，单击"服务器行为"面板中的按钮，在弹出的菜单中选择"显示区域"|"如果不是第一条记录则显示区域"选项，弹出"如果不是第一条记录则显示区域"对话框，如图9-97所示。

图9-97 "如果不是第一条记录则是显示区域"对话框

05 在对话框中的"记录集"下拉列表中选择Rs1，单击"确定"按钮，创建"如果不是第一条记录则显示区域"服务器行为，如图9-98所示。

图9-98 创建服务器行为

06 按照步骤 **04** ~ **05** 的方法，分别对文字"上一页""下一页"和"最后页"创建"如果为最后一条记录则显示区域""如果为第一条记录则显示区域"和"如果不是最后一条记录则显示区域"服务器行为，如图9-99所示。

提示

创建显示区域服务器行为后，如果没有显示插入的标记，可以执行"查看"|"可视化助理"|"不可见元素"命令。

图9-99 创建其他服务器行为

07 选中表格1和表格2，单击"服务器行为"面板中的按钮，在弹出的菜单中选择"显示区

域"|"如果记录集不为空则显示区域"选项，弹出"如果记录集不为空则显示区域"对话框，如图9-100所示。

图9-100　"如果记录集不为空则显示区域"对话框

08 在对话框中的"记录集"下拉列表中选择Rs1，单击"确定"按钮，创建"如果记录集不为空则显示区域"服务器行为，如图9-101所示。

图9-101　创建服务器行为

09 选中表格3，单击"服务器行为"面板中的 ⊕ 按钮，在弹出的菜单中选择"显示区域"|"如果记录集为空则显示区域"选项，弹出"如果记录集为空则显示区域"对话框，如图9-102所示。

图9-102　"如果记录集为空则显示区域"对话框

10 在对话框中的"记录集"下拉列表中选择Rs1，单击"确定"按钮，创建"如果记录集为空则显示区域"服务器行为，如图9-103所示。

图9-103　创建服务器行为

9.9　制作新闻详细页面

新闻详细页面如图9-104所示，这个页面是用来显示新闻详细内容的网页。设计的要点是创建记录集和绑定字段，具体操作步骤如下。

图9-104　新闻详细页面

01 打开网页文档index.htm，将其另存为detail.asp。将光标置于相应的位置，执行"插入"|"表格"命令，插入3行1列的表格，在"属性"面板中将"填充"和"间距"分别设置为2，将"对齐"设置为"居中对齐"，"边框"设置为1，"边框颜色"设置为#7CD36E，如图9-105所示。

图9-105　插入表格

02 将光标置于第1行单元格中,将"水平"设置为"居中对齐",输入文字,将"大小"设置为14像素,单击"粗体"按钮 **B** 对文字加粗,如图9-106所示。

图9-106 在第1行单元格中输入文字

03 分别在其他单元格中输入文字,如图9-107所示。单击"绑定"面板中的 ⊞ 按钮,在弹出的菜单中选择"记录集(查询)"选项,弹出"记录集"对话框。

图9-107 在其他单元格中输入文字

04 在对话框中的"名称"文本框中输入Rs1,在"连接"下拉列表中选择news,在"表格"下拉列表中选择news,"列"设置为"全部",在"筛选"下拉列表中分别选择news_id、=、URL参数和news_id,如图9-108所示。

05 单击"确定"按钮,创建记录集,如图9-109所示,其代码如下所示,用来从新闻信息表news中读取一条新闻。

图9-108 "记录集"对话框

图9-109 创建记录集

```
<%
Dim Rs1
Dim Rs1_cmd
Dim Rs1_numRows
Set Rs1_cmd = Server.CreateObject
("ADODB.Command")
Rs1_cmd.ActiveConnection = MM_news_
STRING
Rs1_cmd.CommandText = "SELECT * FROM
news WHERE news_id = ?"
Rs1_cmd.Prepared = true
Rs1_cmd.Parameters.Append
Rs1_cmd.CreateParameter("param1",
5, 1, -1, Rs1__MMColParam)
Set Rs1 = Rs1_cmd.Execute
Rs1_numRows = 0
%>
```

06 选中文字"新闻标题",在"绑定"面板中展开记录集Rs1,选中subject字段,单击右下角的"插入"按钮,绑定字段,如图9-110所示。

07 按照步骤6的方法,分别将author、news_date和content字段绑定到相应的位置,如图9-111所示,绑定后的代码如下。

图9-110 为"新闻标题"绑定字段

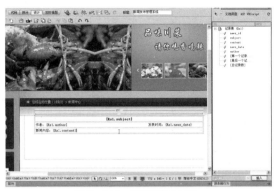

图9-111 绑定其他字段

```
<tr>
   <td align="center">
<span class="STYLE1"><%=(Rs1.Fields.Item("subject").Value)%></span></td>
   </tr>
   <tr>
   <td>作者:<%=(Rs1.Fields.Item("author").Value)%>
发表时间:<%=(Rs1.Fields.Item("news_date").Value)%></td>
   </tr>
   <tr>
   <td>新闻内容:<br><%=(Rs1.Fields.Item("content").Value)%></td>
</tr>
```

代码解析

这段代码的核心作用是显示新闻的标题、作者、发表时间和新闻内容信息。

9.10 本章小结

新闻发布管理系统的特点是时效性,作为网站的新闻内容需要经常更新,以让浏览者及时了解网站的动向并感受到网站的活力。如果一个网站的新闻不能及时更新,那就不能真正发挥新闻发布管理系统的作用了,通过新闻发布,管理人员可以方便地对网站的信息进行更新。

第10章

设计制作留言系统

留言系统是网站上用户进行交流的方式之一。在Internet创建的初期，留言系统作为一个重要的交流工具在网站收集用户意见方面起到了很重要的作用，随着Internet技术的发展，留言系统已经有了更多的功能。本章主要学习留言系统的设计制作过程。

技术要点

⊙ 熟悉留言系统的设计分析
⊙ 掌握制作留言系统主要页面的方法

⊙ 掌握创建留言系统数据表与数据库连接的方法

实例展示

留言列表页面

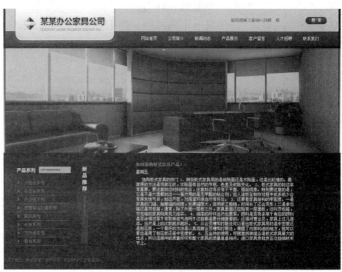

留言详细信息页面

发表留言页面

10.1 系统设计分析

留言系统作为一个非常重要的交流工具在收集用户意见方面起到了很大的作用。留言系统页面结构比较简单,基本的留言系统由发表留言页面和留言列表页面、留言详细信息页面组成。如图10-1所示是留言系统页面结构图。

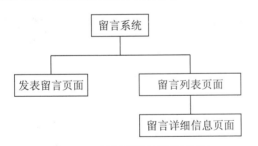

图10-1 留言板系统页面结构图

留言列表页面liebiao.asp如图10-2所示,这个页面显示留言的标题、作者和留言时间等,单击留言标题,可以进入留言详细信息页面。

留言详细信息页面xiangxi.asp如图10-3所示,这个页面显示了留言的详细信息。

发表留言页面fabiao.asp如图10-4所示,在这个页面中可以发表留言内容,然后提交到后台数据库中。

图10-2 留言列表页面

图10-3 留言详细信息页面

图10-4 发表留言页面

10.2 创建数据表与数据库连接

设计制作留言系统主要使用创建数据库和数据库表、建立数据源连接、建立记录集、添加重复区域来显示多条记录、页面之间传递信息等技巧和方法。这些功能的实现将在后面进行详细介绍。本节主要介绍使用Access建立数据库和数据表的方法，同时介绍数据库的连接方法。

10.2.1 创建数据表

数据库是计算机中用于储存、处理大量文件的软件。将数据利用数据库储存起来，用户可以灵活地操作这些数据，可以从现存的数据中统计出任何想要的信息组合，任何内容的添加、删除、修改、检索都是建立在连接基础上的。

在制作具体网站功能页面前，最重要的就是创建数据表，这是用来存放留言信息的。本章的留言系统数据库gbook.mdb中的数据表的字段名称、数据类型和说明如表10-1所示。

表10-1 数据库gbook的数据表

字段名称	数据类型	说明
g_id	自动编号	自动编号
subject	文本	标题
author	文本	作者
email	文本	联系信箱
date	文本	留言时间
content	备注	留言内容

10.2.2 创建数据库连接

下面创建数据库连接，具体操作步骤如下。

01 启动Dreamweaver，打开要创建数据库连接的文档，执行"窗口"|"数据库"命令，打开"数据库"面板，在面板中单击按钮，在弹出的菜单中选择"自定义连接字符串"选项，如图10-5所示。

图10-5 选择"自定义连接字符串"选项

02 弹出"自定义连接字符串"对话框，在对话框中的"连接名称"文本框中输入gbook，在"连接字符串"文本框中输入以下代码，如图10-6所示。

```
"Provider=Microsoft.JET.Oledb.
4.0;Data Source="&Server.Mappath("/
gbook.mdb")
```

图10-6 "自定义连接字符串"对话框

03 单击"确定"按钮，即可成功连接，此时的"数据库"面板如图10-7所示。

图10-7 "数据库"面板

10.3　制作留言列表页面

留言列表页面如图10-8所示，设计的要点是基本页面设计、创建记录、添加重复区域、转到详细页面。

图10-8　留言列表页面

10.3.1　基本页面设计

下面设计基本页面，具体操作步骤如下。

01 打开网页文档index.htm，将其另存为liebiao.asp，如图10-9所示。

图10-9　另存为liebiao.asp

02 将光标置于相应的位置，执行"插入"|"表格"命令，插入1行3列的表格，在"属性"面板中将"填充"设置为4，"对齐"设置为"居中对齐"，此表格记为表格1，如图10-10所示。

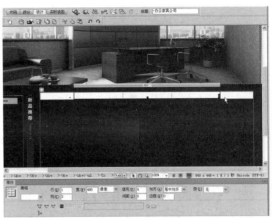

图10-10　插入表格1

03 将光标置于第1列单元格中，执行"插入"|"图像"命令，插入图像images/jiaju.jpg，如图10-11所示。

图10-11　插入图像

04 分别在第2列和第3列单元格中输入文字，如图10-12所示。

05 按Enter键换行，插入1行1列的表格2，在"属性"面板中将"填充"设置为4，如图10-13所示。

06 将光标置于表格2中，输入相应的文字，如图10-14所示。

07 选中文字"添加"，在"属性"面板中的"链接"文本框中输入fabiao.asp，设置链接，如图10-15所示。

图10-12　输入文字

图10-13　插入表格2

图10-14　输入文字

图10-15　设置链接

10.3.2　创建记录集

基本页面设计好后，在这个页面的基础上添加记录集、绑定动态数据，以显示留言标题列表，具体操作步骤如下。

01 执行"窗口"|"绑定"命令，打开"绑定"面板，在面板中单击 ➕ 按钮，在弹出的菜单中选择"记录集（查询）"选项，如图10-16所示。

图10-16　选择"记录集（查询）"选项

02 弹出"记录集"对话框，在对话框中的"名称"文本框中输入Rs1，在"连接"下拉列表中选择gbook，在"表格"下拉列表中选择gbook，"列"设置为"选定的"，在列表框中选择g_id、subject和date，在"排序"下拉列表中选择g_id和降序，如图10-17所示。

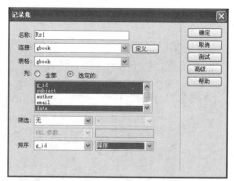

图10-17　"记录集"对话框

知识要点 📖

"记录集"对话框的参数如下。

"名称"：创建记录集的名称。

"连接"：用来指定一个已经建立的数据库连接，如果在"连接"下拉列表中没有可用的连接出现，则可单击右侧的"定义"按钮，建立一个连接。

"表格"：选取已连接数据库中的所有表。

"列"：若要使用所有字段作为一条记录中的列项，则选择"全部"单选按钮，否则应选择"选定的"单选按钮。

"筛选"：设置记录集仅包括数据表中的符合筛选条件的记录。它包括4个下拉列表，这4个下拉列表分别可以完成过滤记录条件字段、条件表达式、条件参数、条件参数的对应值。

"排序"：设置记录集的显示顺序。它包括两个下拉列表，在第一个下拉列表中可以选择要排序的字段，在第二个下拉列表中可以设置升序或降序。

03 单击"确定"按钮，创建记录集，如图10-18所示。创建记录集的核心代码如下所示。

```
<% If Rs1.EOF And Rs1.BOF Then %>
    <table width="480" border="0" align=
"center" cellpadding="4" cellspacing=
"0">
        <tr>
            <td>暂时还没有留意,请<a href=
"fabiao.asp">添加</a>! </td>
        </tr>
    </table>
    <% End If ' end Rs1.EOF And Rs1.
BOF %>
```

图10-18　创建记录集

04 选中表格2，执行"窗口"|"服务器行为"命令，打开"服务器行为"面板，在面板中单击 ⊞ 按钮，在弹出的菜单中选择"显示区域"|"如果记录集为空则显示区域"选项，如图10-19所示。

05 弹出"如果记录集为空则显示区域"对话框，在对话框中的"记录集"下拉列表中选择Rs1，如图10-20所示。

06 单击"确定"按钮，创建"如果记录集为空则显示区域"服务器行为，如图10-21所示。

图10-19　选择"如果记录集为空则显示区域"选项

图10-20　"如果记录集为空则显示区域"对话框

图10-21　创建服务器行为

07 选中文字"公司正式成立，欢迎各界朋友光临惠顾"，在"绑定"面板中展开记录集Rs1，选中subject字段，单击右下角的"插入"按钮，绑定字段，如图10-22所示。

图10-22　绑定字段subject

08 选中文字"2012.12.1"，在"绑定"面板中展开记录集Rs1，选中date字段，单击右下角的"插入"按钮,绑定字段,如图10-23所示。

图10-23 绑定字段date

10.3.3 添加重复区域

使用"重复区域"服务器行为可以循环显示留言列表信息,设置重复区域的具体操作步骤如下。

01 选择表格1,执行"窗口"|"服务器行为"命令,打开"服务器行为"面板,在面板中单击 **+** 按钮,在弹出的菜单中选择"重复区域"选项,如图10-24所示。

图10-24 选择"重复区域"选项

02 弹出"重复区域"对话框,在对话框中的"记录集"下拉列表中选择Rs1,"显示"设置为"15记录",如图10-25所示。

图10-25 "重复区域"对话框

03 单击"确定"按钮,创建"重复区域"服务器行为,如图10-26所示。创建重复区域后的代码如下所示。

图10-26 创建服务器行为

```asp
<%
While ((Repeat1__numRows <> 0) AND
(NOT Rs1.EOF))
%>
    <table width="480" border="0" align
="center" cellpadding="4"
  cellspacing="0">
    <tr>
      <td width="52"><img src="images/
jiaju.jpg" width="50"
        height="27"></td>
      <td width="252"><%=(Rs1.Fields.
Item("subject").Value)%></td>
      <td width="152"><%=(Rs1.Fields.
Item("date").Value)%></td>
    </tr>
  </table>
<%
Repeat1__index=Repeat1__index+1
Repeat1__numRows=Repeat1__numRows-1
Rs1.MoveNext()
Wend
%>
```

10.3.4 转到详细页面

使用"转到详细页面"服务器行为可以对留言的标题添加链接,链接到留言内容的详细页面,创建的具体操作步骤如下。

01 选中占位符{Rs1.subject},单击"服务器行为"面板中的 **+** 按钮,在弹出的菜单中选择"转到详细页面"选项,弹出"转到详细页面"对话框,在对话框中的"详细信息页"文本框中输入xiangxi.asp,在"记录集"下拉列表中选择Rs1,在"列"下拉列表中选择g_id,如图10-27所示。

02 "传递现有参数"设置为"URL参数",如图10-28所示。此时代码如下所示。

```
    <A HREF="xiangxi.asp?<%= Server.
HTMLEncode(MM_keepURL)
    & MM_joinChar(MM_keepURL) & "g_id="
& Rs1.Fields.Item("g_id").Value %>">
    <%=(Rs1.Fields.Item("subject").Value)
%>></A>
```

图10-27 "转到详细页面"对话框

示留言的详细信息,设计要点是设计页面静态部分和创建记录集。

图10-30 留言详细信息页面

10.4.1 设计页面静态部分

下面设计页面的静态部分,具体操作步骤如下。

01 打开网页文档index.htm,将其另存为xiangxi.asp,如图10-31所示。

图10-31 另存为xiangxi.asp

02 将光标置于相应的位置,执行"插入"|"表格"命令。插入3行1列的表格,在"属性"面板中将"填充"设置为4,"对齐"设置为"居中对齐",如图10-32所示。

03 将光标置于第1行单元格中,将"水平"设置为"居中对齐",输入文字,单击"粗体"按钮**B**,对文字加粗,如图10-33所示。

04 分别在第2行和第3行单元格中输入文字,如图10-34所示。

图10-28 选择"转到详细页面"选项

03 单击"确定"按钮,创建"转到详细页面"服务器行为,如图10-29所示。

图10-29 创建服务器行为

10.4 制作留言详细信息页面

浏览者可以在留言列表页面中单击留言标题,浏览自己感兴趣的内容,以便链接到详细的内容页面。留言详细信息页面如图10-30所示,显

图10-32　插入表格

图10-33　在第1行单元格中输入文字

图10-34　在第2行和第3行单元格中输入文字

10.4.2　创建记录集

下面创建名称为Rs1的记录集，从留言表gbook中读取留言的详细信息，具体操作步骤如下。

01 单击"绑定"面板中的 按钮，在弹出的菜

单中选择"记录集（查询）"选项，弹出"记录集"对话框，在"名称"文本框中输入Rs1，在"连接"下拉列表中选择gbook，在"表格"下拉列表中选择gbook，"列"设置为"全部"，在"筛选"下拉列表中选择g_id、=、URL参数和g_id，如图10-35所示。单击"确定"按钮，创建记录集，如图10-36所示。创建的记录集代码如下。

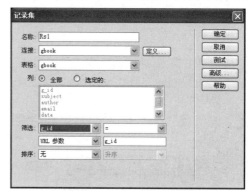

图10-35　"记录集"对话框

图10-36　创建记录集

```
<%
Dim Rs1
Dim Rs1_cmd
Dim Rs1_numRows
Set Rs1_cmd = Server.CreateObject
("ADODB.Command")
Rs1_cmd.ActiveConnection = MM_gbook_
STRING
Rs1_cmd.CommandText = "SELECT * FROM
gbook WHERE g_id = ?"
Rs1_cmd.Prepared = true
Rs1_cmd.Parameters.Append Rs1_cmd.
CreateParameter("param1", 5, 1, -1,
Rs1__MMColParam) ' adDouble
Set Rs1 = Rs1_cmd.Execute
Rs1_numRows = 0
%>
```

02 选中文字"留言标题"，在"绑定"面板中

展开记录集Rs1，选中subject字段，单击右下角的
"插入"按钮，绑定字段，如图10-37所示。

图10-37　绑定字段subject

03 按照步骤2的方法，分别将date和content字段绑
定到相应的位置，如图10-38所示。

图10-38　绑定字段date和content

10.5　制作发表留言页面

发表留言页面如图10-39所示，设计要点是插
入表单对象、插入记录。

图10-39　发表留言页面

10.5.1　插入表单对象

发表留言页面的主要功能是让客户能够输
入留言内容。这些留言内容需要在表单对象中输
入，下面就介绍表单对象的插入方法，具体操作
步骤如下。

01 打开网页文档index.htm，将其另存为fabiao.
asp。将光标置于相应的位置，执行"插入"|"表
单"|"表单"命令，插入表单，如图10-40
所示。

图10-40　插入表单

02 将光标置于表单中，执行"插入"|"表格"
命令，插入6行2列的表格，在"属性"面板中
将"填充"设置为4，"对齐"设置为"居中对
齐"，如图10-41所示。

图10-41　插入表格

03 分别在单元格中输入相应的文字。将光标
置于第1行第2列单元格中，执行"插入"|"表
单"|"文本域"命令，如图10-42所示。

图10-42 输入文字

如果要使用提交表单功能，Dreamweaver要求该表单域中至少存在一个文本域和一个"提交"按钮。如果存在多个文本域，请确保每个文本域都具有唯一名称。

04 插入文本域，在"属性"面板中的"文本域"文本框中输入author，"字符宽度"设置为25，"类型"设置为"单行"，如图10-43所示。

图10-43 插入文本域author

05 将光标置于第2行第2列单元格中，执行"插入"|"表单"|"文本域"命令，插入文本域，在"属性"面板中的"文本域"文本框中输入subject，"字符宽度"设置为35，"类型"设置为"单行"，如图10-44所示。

06 将光标置于第3行第2列单元格中，执行"插入"|"表单"|"文本域"命令，插入文本域，在

"属性"面板中的"文本域"文本框中输入email，"字符宽度"设置为25，"类型"设置为"单行"，如图10-45所示。

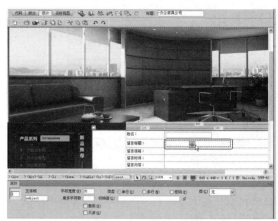

图10-44 插入文本域subject

图10-45 插入文本域email

07 将光标置于第4行第2列单元格中，执行"插入"|"表单"|"选择（列表/菜单）"命令，插入列表/菜单，如图10-46所示。

图10-46 插入列表/菜单

08 选中列表/菜单,在"属性"面板中单击"列表值"按钮,弹出"列表值"对话框,在对话框中单击 按钮,添加项目标签,如图10-47所示。

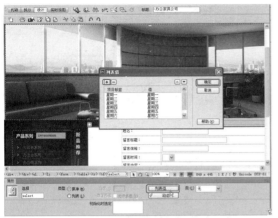

图10-47　添加项目标签

09 单击"确定"按钮,将其添加到"初始化时选定"列表框中,将"类型"设置为"菜单",如图10-48所示。

图10-48　设置列表/菜单属性

10 将光标置于第5行第2列单元格中,插入文本区域,在"属性"面板中的"文本域"文本框中输入content,"字符宽度"设置为45,"类型"设置为"多行","行数"设置为6,如图10-49所示。

11 将光标置于第6行第2列单元格中,执行"插入"|"表单"|"按钮"命令,插入按钮,在"属性"面板中的"值"文本框中输入"提交","动作"设置为"提交表单",如图10-50所示。

12 将光标置于"提交"按钮的后面,再插入一个按钮,在"属性"面板中的"值"文本框中输入"重置","动作"设置为"重设表单",如图10-51所示。

图10-49　插入文本区域content

图10-50　插入"提交"按钮

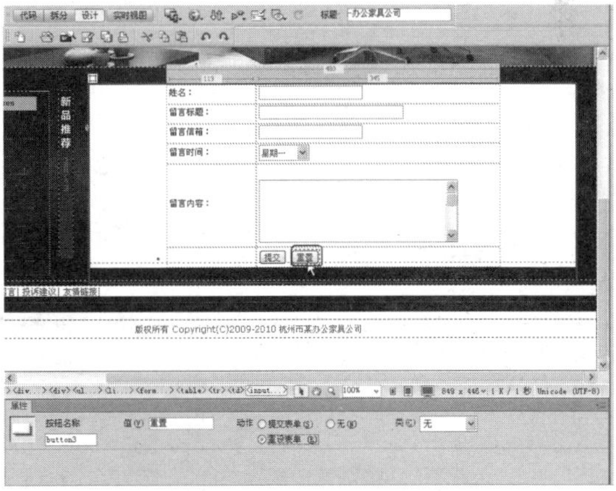

图10-51　插入"重置"按钮

10.5.2　插入记录

使用"插入记录"服务器行为可以将用户提交的留言内容插入留言表gbook中,具体操作步骤如下。

01 单击 "服务器行为" 面板中的 ⊞ 按钮，在弹出的菜单中选择 "插入记录" 选项，弹出 "插入记录" 对话框，在对话框中的 "连接" 下拉列表中选择gbook，在 "插入到表格" 下拉列表中选择gbook，在 "插入后，转到" 文本框中输入liebiao.asp，如图10-52所示。

图10-52 "插入记录" 对话框

02 单击 "确定" 按钮，创建 "插入记录" 服务器行为，如图10-53所示。插入记录的代码如下。

```
<%If (CStr(Request("MM_insert")) = "form1") Then
  If (Not MM_abortEdit) Then
    ' execute the insert
    Dim MM_editCmd
    Set MM_editCmd = Server.CreateObject ("ADODB.Command")
    MM_editCmd.ActiveConnection = MM_gbook_STRING
    MM_editCmd.CommandText = "INSERT INTO gbook (author, subject, email,
content) VALUES (?, ?, ?, ?)"
    MM_editCmd.Prepared = true
    MM_editCmd.Parameters.Append MM_editCmd.CreateParameter("param1", 202,
1, 50, Request.Form("author")) ' adVarWChar
    MM_editCmd.Parameters.Append MM_editCmd.CreateParameter("param2", 202,
1, 50, Request.Form("subject")) ' adVarWChar
    MM_editCmd.Parameters.Append MM_editCmd.CreateParameter("param3", 202,
1, 50, Request.Form("email")) ' adVarWChar
    MM_editCmd.Parameters.Append MM_editCmd.CreateParameter("param4", 203,
1, 536870910, Request.Form("content")) ' adLongVarWChar
    MM_editCmd.Execute
    MM_editCmd.ActiveConnection.Close
    ' append the query string to the redirect URL
    Dim MM_editRedirectUrl
    MM_editRedirectUrl = "liebiao.asp"
    If (Request.QueryString <> "") Then
      If (InStr(1, MM_editRedirectUrl, "?", vbTextCompare) = 0) Then
        MM_editRedirectUrl = MM_editRedirectUrl & "?" & Request.QueryString
      Else
        MM_editRedirectUrl = MM_editRedirectUrl & "&" & Request.QueryString
      End If
    End If
    Response.Redirect(MM_editRedirectUrl)
  End If
End If
%>
```

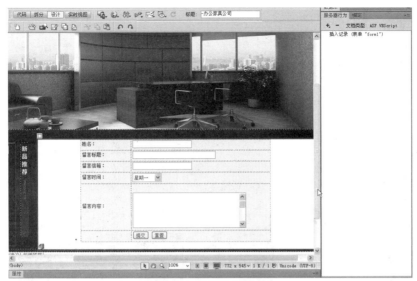

图10-53 创建服务器行为

10.6 本章小结

通过留言系统可以及时搜集用户的反馈信息。留言系统可以提供完备的信息发布功能，有助于网站与用户之间进行有效的交流，是收集用户信息的有力工具。本章介绍的留言系统可以进一步拓展，如BBS系统就可以由留言系统拓展而成，也可以举一反三制作出其他更复杂的留言系统。

第11章

设计制作网上调查系统

调查系统是为了了解某一事物的相关情况而提出的一系列问题。随着网络的出现，网上调查系统也随之出现，极大地方便了人们对某一特定事物的了解。网上调查系统可广泛应用于某个主题活动的投选活动，其具有操作简便、易于统计并实时显示等特点。本章将介绍一个网上调查系统的开发设计过程。

技术要点

- ⊙ 熟悉系统设计分析的方法
- ⊙ 掌握创建数据表与数据库连接的方法
- ⊙ 掌握制作调查页面的方法
- ⊙ 掌握制件查看调查结果页面的方法

实例展示

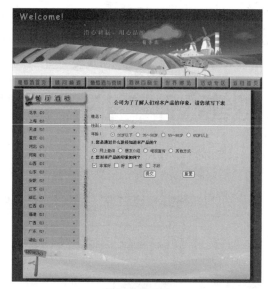

制作调查页面

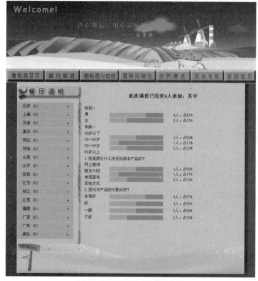

制作查看调查结果页面

11.1 系统设计分析

常见的调查系统由两个功能模块组成：一个是提供输入个人信息的调查页面，这里需要被调查对象填写；另一个是显示调查结果的调查结果页面，主要用于统计共有多少人参加了调查，并且记录每个被调查对象的个人信息。如图11-1所示是网上调查系统结构图。

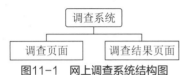

图11-1　网上调查系统结构图

利用Dreamweaver实现网上调查系统的设计思路如下。

（1）设计数据库表。

（2）在Dreamweaver中定义站点。

（3）在Dreamweaver中建立数据库连接。

（4）设计调查页面。

（5）查看调查结果页面。

调查页面diaocha.asp如图11-2所示，用户可以在此页面输入调查资料和个人资料，然后单击"提交"按钮，网页会将用户提交的资料全部提交给服务器端并插入相应的数据表中。

查看调查结果页面jieguo.asp如图11-3所示，可以看到参加调查的总人数、调查项目的相关统计和参与调查的个人信息。

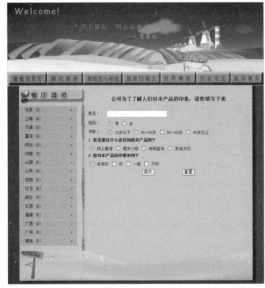

图11-2　调查页面

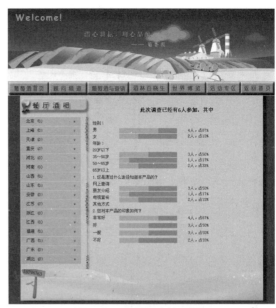

图11-3　查看调查结果页面

11.2 创建数据表与数据库连接

11.2.1 创建数据表

最终文件：最终文件/**CH11**/diaocha.mdb

用户填写的个人信息以记录的形式保存在一个数据表中。本章介绍的网上调查系统数据库是diaocha，其中有一个调查信息表，字段名称、数据类型和说明如表11-1所示。

表11-1　调查信息表diaocha

字段名称	数据类型	说明
user	文本	姓名
sex	文本	性别
age	数字	年龄
tujing	数字	途径
fchh	是/否	产品满意度非常好
hao	是/否	好
yiban	是/否	一般
buhao	是/否	不好

11.2.2 创建数据库连接

创建数据库连接的具体操作步骤如下。

01 打开要创建数据库连接的文档，执行"窗口"|"数据库"命令，打开"数据库"面板，在面板中单击 按钮，在弹出的菜单中选择"自定义连接字符串"选项，如图11-4所示。

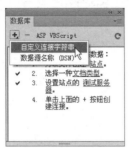

图11-4 选择"自定义连接字符串"选项

02 弹出"自定义连接字符串"对话框，在"连接名称"文本框中输入diaocha，在"连接字符串"文本框中输入以下代码，如图11-5所示。

```
"Provider=Microsoft.JET.Oledb.
4.0;Data Source="&Server.Mappath("/
diaocha.mdb")
```

图11-5 "自定义连接字符串"对话框

03 单击"确定"按钮，即可成功连接，此时的"数据库"面板如图11-6所示。

图11-6 "数据库"面板

11.3 制作调查页面

调查页是调查系统的前台页面，主要用来填写被调查对象的姓名、性别、年龄及对调查产品的意见等个人信息，一般由调查对象填写，对于调查的内容一般以单选按钮和复选框的形式出现，单击"提交"按钮，即可将投票结果传递到处理页面。调查页面的效果如图11-7所示，设计的要点是插入表单对象和创建"插入记录"服务器行为。

原始文件：原始文件/CH11/index.html
最终文件：最终文件/CH11/diaocha.asp

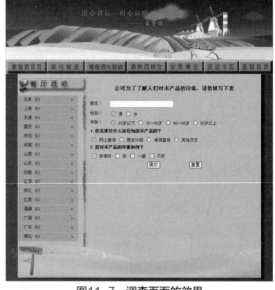

图11-7 调查页面的效果

11.3.1 制作调查内容

下面制作调查内容部分，设计的要点是插入表单对象。制作时首先利用表格完成页面的基本框架结构设计，然后在相应的单元格中插入文字和表单对象。在插入表单对象时，一定要设置表单控件的名称，并且与数据库表中相应的字段一致。具体操作步骤如下。

01 打开网页文档index.htm，将其另存为diaocha.asp，如图11-8所示。

02 将光标置于相应的位置，按Enter键换行，输入文字。在"属性"面板中将"大小"设置为11pt，单击"粗体"按钮 B ，对文字加粗，单击"居中对齐"按钮 ，将文字设置为"居中对齐"，如图11-9所示。

03 将光标置于文字的右边，执行"插入"|"表单"|"表单"命令，插入表单，如图11-10所示。

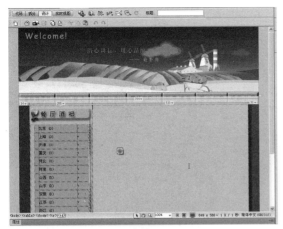

图11-8 另存为diaocha.asp

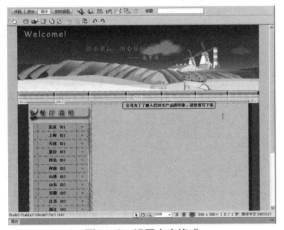

图11-9 设置文字格式

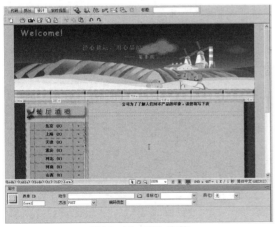

图11-10 插入表单

04 将光标置于表单中，插入3行2列的表格，将"填充"和"间距"分别设置为2，将"对齐"设置为"居中对齐"，如图11-11所示。

05 分别在第1列单元格中输入相应的文字，如图11-12所示。将光标置于第1行第2列单元格中，

插入文本域。

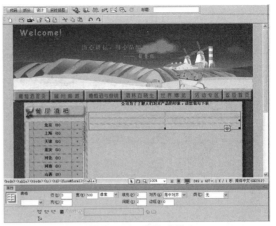

图11-11 插入表格

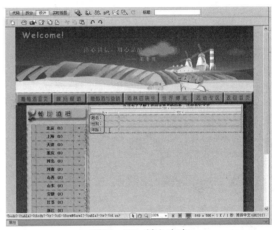

图11-12 输入文字

06 在"属性"面板中的"文本域"文本框中输入user，"字符宽度"设置为25，"类型"设置为"单行"，如图11-13所示。

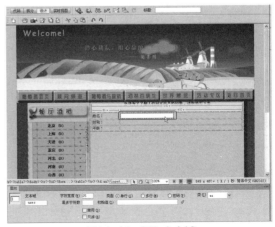

图11-13 插入文本域

07 将光标置于第2行第2列单元格中，插入单选按

钮，在"属性"面板中的"单选按钮"文本框中输入sex，在"选定值"文本框中输入false，"初始状态"设置为"已勾选"，如图11-14所示。

图11-14 插入单选按钮

08 将光标置于单选按钮的后面，输入文字"男"，如图11-15所示。

图11-15 输入文字

09 将光标置于文字"男"的后面，再插入一个单选按钮，在"属性"面板中的"单选按钮"文本框中输入sex，在"选定值"文本框中输入true，"初始状态"设置为"未选中"，如图11-16所示。

10 将光标置于单选按钮的后面，输入文字"女"，如图11-17所示。

11 将光标置于第3行第2列单元格中，插入单选按钮，在"属性"面板中的"单选按钮"文本框中输入age，在"选定值"文本框中输入1，"初始状态"设置为"已勾选"，如图11-18所示。

图11-16 插入单选按钮

图11-17 输入文字

图11-18 插入单选按钮

12 将光标置于单选按钮的右边，输入文字"20岁以下"，如图11-19所示。

13 按照步骤 **11** ～ **12** 的方法，插入其他的单选按钮，"单选按钮"名称都设置为age，"选定值"文本框中分别输入2、3、4，并分别在单选按钮后面输入文字，如图11-20所示。

图11-19　输入文字

图11-20　插入单选按钮并输入文字

14 将光标置于表格的右边，插入5行1列的表格，在"属性"面板中将"填充"和"间距"分别设置为2，"对齐"设置为"居中对齐"，如图11-21所示。

图11-21　插入表格

15 将光标置于第1行单元格中，输入文字，单击"粗体"按钮 **B**，对文字加粗，如图11-22所示。

图11-22　输入文字

16 将光标置于第2行单元格中，插入单选按钮，在"单选按钮"文本框中输入tujing，在"选定值"文本框中输入1，"初始状态"设置为"已勾选"，如图11-23所示。

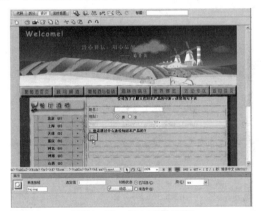

图11-23　插入单选按钮

17 将光标置于单选按钮的右边，输入文字"网上查询"，如图11-24所示。

图11-24　输入文字

18 按照步骤 16 ~ 17 的方法，插入其他的单选按钮，在"属性"面板中的"单选按钮"文本框中都输入tujing，在"选定值"文本框中分别输入2、3、4，"初始状态"设置为"未选中"，并分别在单选按钮的后面输入文字，如图11-25所示。

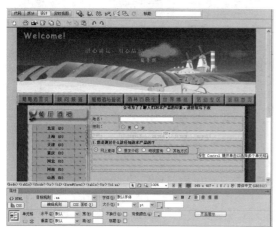

图11-25　插入单选按钮并输入文字

19 将光标置于第3行单元格中，输入文字，单击"粗体"按钮，对文字加粗，如图11-26所示。

图11-26　输入文字

20 将光标置于第4行单元格中，插入复选框。在"复选框名称"文本框中输入fchh，在"选定值"文本框中输入true，"初始状态"设置为"已勾选"，如图11-27所示。

21 将光标置于复选框的后面，输入文字"非常好"，如图11-28所示。

22 按照步骤 20 ~ 21 的方法，插入其他的复选框，在"属性"面板中的"复选框名称"文本框中分别输入hao、yiban、buhao。在"选定值"文本框中都输入true，并分别在复选框的后面输入文

字，如图11-29所示。

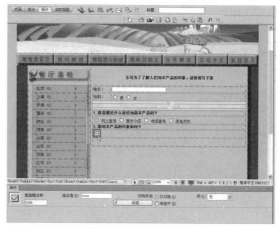

图11-27　插入复选框

图11-28　输入文字

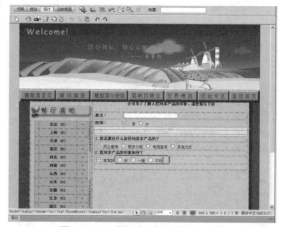

图11-29　插入复选框并输入文字

23 将光标置于第5行单元格中，将"水平"设置为"居中对齐"，插入按钮，在"属性"面板中的"值"文本框中输入"提交"，"动作"设置为"提交表单"，如图11-30所示。

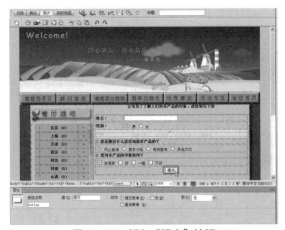

图11-30　插入"提交"按钮

24 将光标置于"提交"按钮的后面，再插入一个按钮，在"属性"面板中的"值"文本框中输入"重置"，"动作"设置为"重设表单"，如图11-31所示。

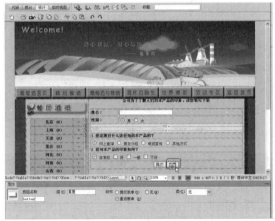

图11-31　插入"重置"按钮

11.3.2　插入动态数据

表单对象插入完成后，还需要将动态数据提交到调查表diaocha中。使用"插入记录"服务器行为可以插入动态数据，具体操作步骤如下。

01 单击"服务器行为"面板中的![+]按钮，在弹出的菜单中选择"插入记录"选项，弹出"插入记录"对话框，在对话框中的"连接"下拉列表中选择diaocha，在"插入到表格"下拉列表中选择diaocha，在"插入后，转到"文本框中输入jieguo.asp，在"获取值自"下拉列表中选择form1，如图11-32所示。

图11-32　"插入记录"对话框

02 单击"确定"按钮，创建"插入记录"服务器行为，如图11-33所示，其代码如下。

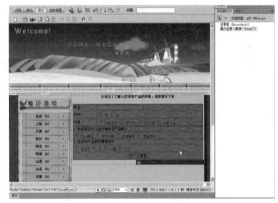

图11-33　创建服务器行为

```
<%
If (CStr(Request("MM_insert")) = "form1") Then
  If (Not MM_abortEdit) Then
    Dim MM_editCmd
    Set MM_editCmd = Server.CreateObject ("ADODB.Command")
    MM_editCmd.ActiveConnection = MM_diaocha_STRING
    ' 使用INSERT INTO语句将调查信息写入调查表diaocha中
    MM_editCmd.CommandText = "INSERT INTO diaocha ([user], sex, age, tujing,
fchh, hao, yiban, buhao) VALUES (?, ?, ?, ?, ?, ?, ?, ?)"
    MM_editCmd.Prepared = true
```

```
        MM_editCmd.Parameters.Append MM_editCmd.CreateParameter("param1", 202,
1, 50, Request.Form("user")) ' adVarWChar
        MM_editCmd.Parameters.Append MM_editCmd.CreateParameter("param2", 202,
1, 50, Request.Form("sex")) ' adVarWChar
        MM_editCmd.Parameters.Append MM_editCmd.CreateParameter("param3", 5,
1, -1, MM_IIF(Request.Form("age"), Request.Form("age"), null)) ' adDouble
        MM_editCmd.Parameters.Append MM_editCmd.CreateParameter("param4", 5, 1,
-1, MM_IIF(Request.Form("tujing"), Request.Form("tujing"), null)) ' adDouble
        MM_editCmd.Parameters.Append MM_editCmd.CreateParameter("param5", 5, 1,
-1, MM_IIF(Request.Form("fchh"), 1, 0)) ' adDouble
        MM_editCmd.Parameters.Append MM_editCmd.CreateParameter("param6", 5, 1,
-1, MM_IIF(Request.Form("hao"), 1, 0)) ' adDouble
        MM_editCmd.Parameters.Append MM_editCmd.CreateParameter("param7", 5,
1, -1, MM_IIF(Request.Form("yiban"), 1, 0)) ' adDouble
        MM_editCmd.Parameters.Append MM_editCmd.CreateParameter("param8", 5,
1, -1, MM_IIF(Request.Form("buhao"), 1, 0)) ' adDouble
        MM_editCmd.Execute
        MM_editCmd.ActiveConnection.Close
        ' 提交成功后,转到调查结果页面jieguo.asp
        Dim MM_editRedirectUrl
        MM_editRedirectUrl = "jieguo.asp"
        If (Request.QueryString <> "") Then
            If (InStr(1, MM_editRedirectUrl, "?", vbTextCompare) = 0) Then
                MM_editRedirectUrl = MM_editRedirectUrl & "?" & Request.QueryString
            Else
                MM_editRedirectUrl = MM_editRedirectUrl & "&" & Request.QueryString
            End If
        End If
        Response.Redirect(MM_editRedirectUrl)
    End If
End If%>
```

代码解析

这段代码的核心作用是使用INSERT INTO
语句将调查信息写入调查表diaocha中,提交成
功后,转到调查结果页面jieguo.asp。

11.4 制作查看调查结果页面

查看调查结果页面如图11-34所示,设计的要
点是创建记录集、绑定字段、设置成百分数、添
加动态数据和重复区域服务器行为。

原始文件:原始文件/CH11/index.html
最终文件:最终文件/CH11/jieguo.asp

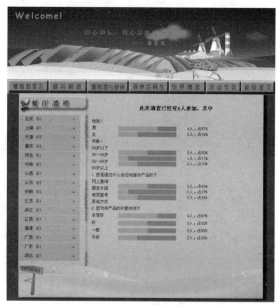

图11-34　查看调查结果页面效果

11.4.1　建立记录集

在要显示动态数据前要建立记录集，具体操作步骤如下。

01 打开网页文档index.htm，将其另存为jieguo.asp。将光标置于相应位置，输入文字，在"属性"面板中将"大小"设为11pt，单击"粗体"按钮**B**，对文字加粗，单击"居中对齐"按钮≣，将文字设置为"居中对齐"，如图11-35所示。

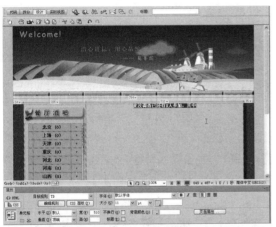

图11-35　输入文字

02 将光标置于文字的后面，执行"插入"|"表格"命令，插入8行2列的表格，此表格记为表格1，在"属性"面板中将"填充"设置为2，"间距"设置为1，"对齐"设置为"居中对齐"，如图11-36所示。

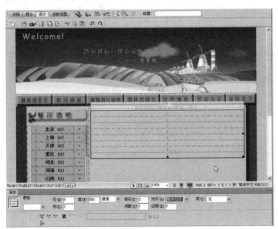

图11-36　插入表格1

03 选中第1行单元格，在"属性"面板中单击"合并所选单元格，使用跨度"按钮□，在合并后的单元格中输入文字，如图11-37所示。

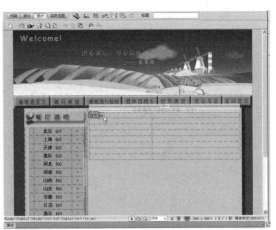

图11-37　在第1行输入文字

04 选中第4行单元格，合并单元格，在合并后的单元格中输入文字，如图11-38所示。

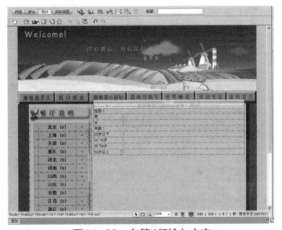

图11-38　在第4行输入文字

05 将光标置于第2行第2列单元格中，按住鼠标左键并向下拖动至第3行第2列单元格，合并单元格，如图11-39所示。

图11-39　合并单元格

06 将光标置于合并后的单元格中，插入1行3列

Dreamweaver+ASP动态网页设计 从新手到高手

的表格2，在"属性"面板中将"间距"设置为1，将表格2的第1列单元格的"背景颜色"设置为#C48536，如图11-40所示。

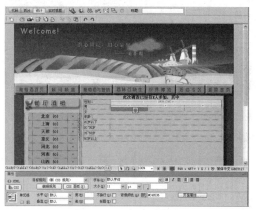

图11-40　插入表格2

07 将光标置于表格2的第1列单元格中，插入1行1列的表格3，在"属性"面板中将"背景颜色"设置为#FF9900，如图11-41所示。

图11-41　插入表格3

08 将光标置于表格2的第3列单元格中，输入文字，如图11-42所示。

图11-42　输入文字

09 将光标置于第5行第2列单元格中，按住鼠标左键并向下拖动至第8行第2列单元格中，合并单元格，如图11-43所示。

图11-43　合并单元格

10 将光标置于合并后的单元格中，按照步骤 **06** ~ **08** 的方法插入表格4、表格5，设置单元格属性，输入文字，如图11-44所示。

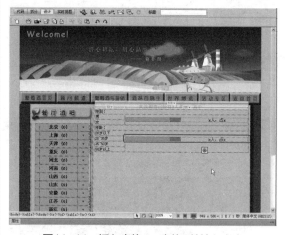

图11-44　插入表格4、表格5并输入文字

11 将光标置于表格1的右边，插入10行2列的表格6，在"属性"面板中将"填充"设置为2，"间距"设置为1，"对齐"设置为"居中对齐"，如图11-45所示。

12 选中第1行单元格，在"属性"面板中单击"合并所选单元格，使用跨度"按钮，合并单元格，在合并后的单元格中输入文字，如图11-46所示。

13 选中第6行单元格，合并单元格，在合并后的单元格中输入文字，如图11-47所示。

入文字，如图11-49所示。

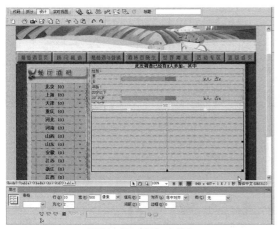

图11-45 插入表格6

图11-48 合并单元格

图11-46 在第1行输入文字

图11-49 插入表格并输入文字

16 按照步骤 **06** ~ **08** 的方法分别在其他单元格中插入表格，设置单元格属性，输入文字，如图11-50所示。

图11-47 在第6行输入文字

14 将光标置于第2行第2列单元格中，按住鼠标左键并向下拖动至第5行第2列单元格，合并单元格，如图11-48所示。

15 将光标置于合并后的单元格中，按照步骤 **06** ~ **08** 的方法插入表格，设置单元格属性，输

图11-50 在其他单元格插入表格并输入文字

17 单击"绑定"面板中的按钮，在弹出的菜

单中选择"记录集（查询）"选项，弹出"记录集"对话框，在"名称"文本框中输入Rs1，在"连接"下拉列表中选择diaocha，在"表格"下拉列表中选择diaocha，"列"设置为"选定的"，在其列表框中选择user，如图11-51所示。

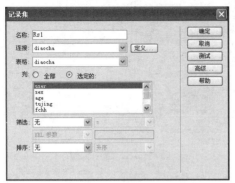

图11-51 "记录集"对话框

18 单击"确定"按钮，创建记录集，如图11-52所示。

图11-52 创建记录集

19 单击"绑定"面板中的■按钮，在弹出的菜单中选择"记录集（查询）"选项，弹出"记录集"对话框，在对话框中单击"高级"按钮，切换到"记录集"对话框的高级模式，在对话框中的"名称"文本框中输入sex，如图11-53所示。

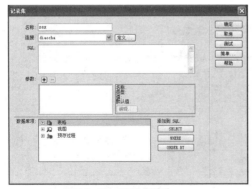

图11-53 设置名称为sex

20 在"连接"下拉列表中选择diaocha，在SQL文本框中输入下面的SQL语句，如图11-54所示。

```
SELECT count (sex) as sexNum, (sexNum/
(SELECT count (user) FROM diaocha)) as
myPercent FROM diaocha group by sex
ORDER BY sex
```

代码解析

上面创建的SQL定义语句中包含了一个子查询语句，它用于查询统计男、女的性别人数和百分比。

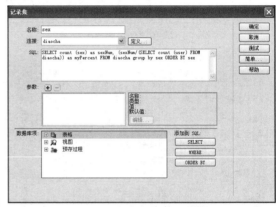

图11-54 连接到表diaocha

21 单击"确定"按钮，创建记录集，如图11-55所示。按照步骤 **19** ~ **20** 的方法为"年龄"创建记录集，在"记录集"对话框的高级模式中的"名称"文本框中输入age。

图11-55 创建记录集

22 在"连接"下拉列表中选择diaocha，在SQL文本框中输入下面的SQL语句，如图11-56所示。

```
SELECT count (age) as ageNum, (ageNum/
(SELECT count (user) FROM diaocha))
  as MyPercent FROM diaocha group by
age ORDER BY age
```

上面创建的SQL定义语句中包含了一个子查询语句，它用于查询统计各年龄段的人数及百分比。

图11-56 设置名称为age并连接到表

知识要点

"记录集"对话框的高级模式中可以进行如下设置。

- 名称：设置记录集的名称。
- 连接：选择要使用的数据库连接。如果没有，则可单击其右侧的"定义"按钮，定义一个数据库连接。
- SQL：在下面的文本区域中输入SQL语句。
- 参数：如果在SQL语句中使用了变量，则可单击"+"按钮，在这里设置变量，即输入变量的名称、默认值和运行值。
- 数据库项：数据库项目列表，Dreamweaver把所有的数据库项目都列在了这个表中，用可视化的形式和自动生成SQL语句的方法让用户在开发动态网页时感到方便和轻松。

23 按照步骤**19**~**20**的方法为"知道本产品的途径"创建记录集，在"记录集"对话框的高级模式中的"名称"文本框中输入tujing，在"连接"下拉列表中选择diaocha，在SQL文本框中输入下面的SQL语句，如图11-57所示。

```
SELECT count (tujing) as tujingNum,
(tujingNum/(SELECT count (user) FROM
   diaocha)) as myPercent FROM diaocha
group by tujing ORDER BY tujing
```

代码解析

上面的代码用于查询统计了解本产品的各途径的人数及百分比。

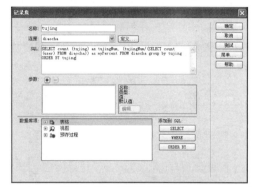

图11-57 设置名称为tujing

24 按照步骤**19**~**20**的方法为"非常好"创建记录集，在"记录集"对话框的高级模式中的"名称"文本框中输入fchh，在"连接"下拉列表中选择diaocha，在SQL文本框中输入下面的SQL语句，如图11-58所示。

```
SELECT count (fchh) as myCount,
(myCount/(SELECT count (user) from
   diaocha)) as myPercent FROM diaocha
WHERE fchh=True
```

代码解析

上面的代码用于查询统计对产品的印象非常好的人数及百分比。

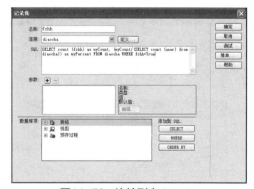

图11-58 连接到表diaocha

25 按照步骤**19**~**20**的方法为"好"创建记录集，在"记录集"对话框的高级模式中的"名称"文本框中输入hao，在"连接"下拉列表中选择diaocha，在SQL文本框中输入下面的SQL语句，如图11-59所示。

```
SELECT count (hao) as myCount, (myCount/
(SELECT count (user) from
  diaocha)) as myPercent FROM diaocha
WHERE hao= True
```

代码解析

上面的代码用于查询统计对产品的印象好的人数及百分比。

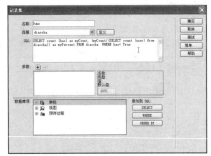

图11-59　设置名称为hao

26 按照步骤**19** ~ **20** 的方法为"一般"创建记录集，在"记录集"对话框的高级模式中的"名称"文本框中输入yiban，在"连接"下拉列表中选择diaocha，在SQL文本框中输入下面的SQL语句，如图11-60所示。

```
SELECT count (yiban) as myCount,
(myCount/(SELECT count (user) from
  diaocha)) as myPercent  FROM diaocha
WHERE yiban= True
```

代码解析

上面的代码用于查询统计对产品的印象一般的人数及百分比。

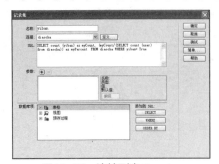

图11-60　连接到表diaocha

27 按照步骤**19** ~ **20** 的方法为"不好"创建记录集，在"记录集"对话框的高级模式中的"名称"文本框中输入buhao，在"连接"下拉列表中选择diaocha，在SQL文本框中输入下面的SQL语句，如图11-61所示。

```
SELECT count (buhao) as myCount,
(myCount/(SELECT count (user) from
  diaocha)) as MyPercent FROM diaocha
WHERE buhao= True
```

代码解析

上面的代码用于查询统计对产品的印象不好的人数及百分比。

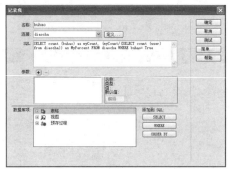

图11-61　设置名称为buhao并连接到表

28 通过以上步骤，创建的记录集如图11-62所示。

图11-62　创建的记录集

11.4.2　动态数据的绑定

定义数据源之后，就要根据需要向页面指定位置添加动态数据。在Dreamweaver中，通常把添加动态数据称为动态数据的绑定。动态数据可以添加到页面上任意位置，可以像普通文本一样添加到文档的正文中，还可以把它绑定到HTML的属性中。动态数据绑定的具体操作步骤如下。

01 选中文字"此次调查已经有X人参加，其中"的X，在"绑定"面板中展开记录集Rs1，选中"[总记录数]"选项，单击右下角的"插入"按钮，绑定字段，如图11-63所示。

图11-63　绑定字段"总记录表"

02 选中"性别"项中的"X人"中的X，在"绑定"面板中展开记录集sex，选中sexNum字段，单击右下角的"插入"按钮，绑定字段，如图11-64所示。

图11-64　绑定字段sexNum

03 选中"性别"项中的"占X"中的X，在"绑定"面板中展开记录集sex，选中myPercent字段，单击右下角的"插入"按钮，绑定字段，如图11-65所示。

图11-65　绑定字段myPercent

04 按照步骤 **02** ~ **03** 的方法，分别选中其他项中的X，展开对应的记录集，绑定相应的字段，如图11-66所示。

图11-66　绑定其他相应字段

05 选中"性别"项中的占位符{sex.myPercent}，切换到拆分视图，修改为如下代码，如图11-67所示。

```
<%= FormatPercent((sex.Fields.
Item("myPercent").Value), 0, -2, -2,
-2) %>
```

代码解析

　　上面的代码使用了格式化函数FormatPercent，它将完成投票数的百分比格式的显示。

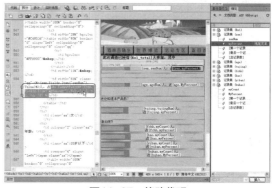

图11-67　修改代码

06 按照步骤 **05** 的方法把其他表示所占总人数比的动态数据也设置成百分数的形式。

07 选中表格3，执行"窗口"|"标签检查器"命令，打开"标签检查器"面板，在面板中列出的表格属性中找到width并选中，这时在右边会出现一个按钮，如图11-68所示。

08 单击此按钮，弹出"动态数据"对话框，在

167

对话框中的"域"列表框中展开记录集sex，选中myPercent字段，在"格式"下拉列表中选择"百分比-舍入为整数"选项，如图11-69所示。

图11-68　"标签检查器"面板

图11-69　"动态数据"对话框

知识要点

"动态数据"对话框中的参数如下。

"域"：在列表框中选择一种数据源。

"格式"：选择一种数据格式。

"代码"：在"域"列表中选择字段后，在代码文本框中就会显示代码，如果需要，可以修改文本框中的代码并插入到页面中，以显示动态文本。

09 单击"确定"按钮，添加动态数据，如图11-70所示。

图11-70　添加动态数据

10 按照步骤**07**～**09**的方法，为其他项所对应的1行1列的表格添加动态数据，如图11-71所示。

11 选中"性别"项中的1行3列的表格，单击"服务器行为"面板中的 按钮，在弹出的菜单中选择"重复区域"选项，弹出"重复区域"对话框，在对话框中的"记录集"下拉列表中选择sex，"显示"设置为"所有记录"，如图11-72所示。

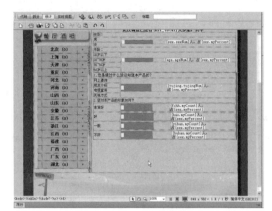

图11-71　添加动态数据

图11-72　"重复区域"对话框

12 单击"确定"按钮，创建"重复区域"服务器行为，如图11-73所示。

图11-73　创建服务器行为

13 按照步骤**11**～**12**的方法，分别为其他项中的1行3列的表格，创建"重复区域"服务器行为，如图11-74所示。

图11-74　为其他表格创建服务器行为

当出现BOF或EOF为True问题时，应如何解决？

所谓BOF（Begin Of File）、EOF（End Of File）表示当前记录的指针在所有记录的开始，也在所有记录的最后，即目前数据库里完全没有数据。当在网络浏览器或"动态数据视图"模式中查看动态页面时，因为没有数据可以显示，可能会发生此错误。其实程序本身并没有任何问题，只是因为数据库是空的，以至于程序无法正常运行。

修改方法有以下两种。

1）直接添加一条数据

在数据库表中添加一条数据，就可避免这个问题。

2）创建"显示区域"服务器行为

在页面所要显示的动态内容中创建"显示区域"服务器行为，步骤如下。

（1）选取页面上的动态内容。

（2）单击"服务器行为"面板中的回按钮，在弹出的菜单中选择"显示区域" | "如果记录集不为空则显示区域"选项，创建一个服务器行为。

（3）选取提供动态内容的记录集，然后单击"确定"按钮，即可设置完毕。

（4）请检查页面上是否还有其他要显示记录集内容的地方，例如，是否有插入[记录集导航条]或[记录集导航状态]等应用服务器组件，请对页面上动态内容的每一个元素重复步骤（1）~（3）的操作。

导致BOF或EOF为True的另一个原因是重复区域的设置。

在许多网页中，需要一个以上的记录集设置到页面上显示结果，所以注意目前要使用的重复区域中的记录集是否正确。

11.5 本章小结

调查系统能向Internet用户提供交互式、个性化的问卷调查服务。通过调查系统可以迅速、客观地收集需求信息。

本章制作了一个网上调查系统，可以实现用户在线选择调查内容，程序自动统计出结果并显示。本章的重点与难点是网上调查系统分析与设计、插入表单对象，"记录集"对话框的高级模式，"插入记录"和"更新记录"等服务器行为。

第12章

设计制作搜索查询系统

本章导读

随着互联网的高速发展，网上的信息量已经极其庞大。如果用户想快速查询到自己需要的信息，应该怎么做呢？这时就需要使用搜索查询系统。本章将学习如何制作搜索查询系统。

技术要点

- ⊙ 熟悉搜索查询系统设计分析的方法
- ⊙ 了解创建数据表的方法与数据库连接的方法
- ⊙ 掌握制作搜索查询系统主要页面

实例展示

搜索页面

按名称搜索结果页面

按价格搜索结果页面

12.1　搜索查询系统设计分析

　　现在的网站上存储的数据非常多，如在一个大型网站中，数据库存储的信息可能有几十万条记录。如何在这些记录中找到用户想要的信息，这就需要网站提供查询系统。

　　搜索查询系统是网站建设过程中的一个核心内容。对于具备一定规模的网站，其数据同样达到了特定的规模。如果将全部数据显示在页面中，不仅网页无法容纳，而且加载过多的数据将会消耗有限的系统和网络资源。因此，要在网页只显示重要的数据，并且尽可能减少数据库操作。

　　查询系统的设计思路其实很简单，可以编写合适的SQL语言来查询数据库，然后将查询到的结果以网页的形式返回到客户端。如图12-1所示是搜索查询系统页面结构图。

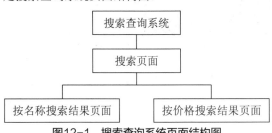

图12-1　搜索查询系统页面结构图

　　搜索页面sousuo.asp如图12-2所示，在此页面中输入要查询的关键字，然后单击"查询"按钮提交表单，搜索结果将显示在文档中。

图12-2　搜索页面

　　按名称搜索结果页面mingcheng.asp如图12-3所示，在此页面中显示按商品名称查询的一些信息。

图12-3　按名称搜索结果页面

　　按价格搜索结果页面jiage.asp如图12-4所示，在此页面中显示按商品价格查询的一些信息。

图12-4　按价格搜索结果页面

12.2　创建数据表与数据库连接

12.2.1　创建数据表

最终文件：最终文件/CH12/sousuo.mdb

　　本章介绍的搜索查询系统数据库sousuo有一个搜索查询表，其中的字段名称、数据类型和说明如表12-1所示。

表12-1　搜索查询表sousuo

字段名称	数据类型	说明
sousuo_id	自动编号	自动编号
sousuo_name	文本	商品名称
jiage	货币	商品价格
leixing	文本	商品类型
content	备注	商品简介

12.2.2　创建数据库连接

　　创建数据库连接的具体操作步骤如下。

01 打开要创建数据库连接的文档，执行"窗口"|"数据库"命令，打开"数据库"面板，在面板中单击🔲按钮，在弹出的菜单中选择"数据源名称（DSN）"选项，如图12-5所示。

图12-5　选择"数据源名称（DSN）"选项

02 弹出"数据源名称（DSN）"对话框，在"连接名称"文本框中输入名称sousuo，在"数据源名称（DSN）"下拉列表中选择sousuo选项，如图12-6所示。

图12-6　"数据源名称（DSN）"对话框

03 单击"确定"按钮，即可成功连接，此时的"数据库"面板如图12-7所示。

图12-7　"数据库"面板

12.3　制作搜索查询系统主要页面

　　搜索查询系统的页面构成比较简单，包括搜索查询页面和搜索结果页面。其中，搜索页面用于搜集表单信息，搜索结果页面用于显示查询的结果。本节将介绍搜索查询系统主要页面的制作。

12.3.1 制作搜索查询页面

搜索查询页面是搜索查询系统的首页,主要用于搜集用户的信息输入并负责将表单数据提交到搜索结果显示页面。搜索查询页面如图12-8所示,设计的要点是插入表单对象,具体操作步骤如下。

原始文件:原始文件/CH12/index.html
最终文件:最终文件/CH12/sousuo.asp

图12-8 搜索查询页面

01 打开网页文档index.htm,将其另存为sousuo.asp,如图12-9所示。

图12-9 另存文档

02 将光标置于相应的位置,执行"插入"|"表格"命令。插入1行2列的表格,在"属性"面板中将"填充"和"间距"分别设置为2,"对齐"

设置为"居中对齐",如图12-10所示。

图12-10 插入表格

03 将光标置于第1列单元格中,执行"插入"|"表单"|"表单"命令,插入表单,在"属性"面板中的"表单ID"文本框中输入form1,将"动作"设置为jieguo.asp,在"目标"下拉列表中选择_blank,"方法"设置为POST,如图12-11所示。

图12-11 插入表单

04 将光标置于表单中,输入相应的文字,如图12-12所示。

图12-12 输入文字

05 将光标置于文字的右边，插入文本域，在"文本域"文本框中输入sousuo_name，"字符宽度"设置为15，"最多字符数"设置为25，"类型"设置为"单行"，如图12-13所示。

图12-15　插入表单

图12-13　插入文本域

06 将光标置于文本域的后面，执行"插入"|"表单"|"按钮"命令，插入按钮，在"值"文本框中输入"查询"，"动作"设置为"提交表单"，如图12-14所示。

图12-16　输入文字

09 将光标置于文字的右边，插入文本域，在"属性"面板中的"文本域"文本框中输入jiage，"字符宽度"设置为15，"最多字符数"设置为25，"类型"设置为"单行"，如图12-17所示。

图12-14　插入按钮

07 将光标置于第2列单元格中，执行"插入"|"表单"|"表单"命令，插入表单，在"属性"面板中的"表单ID"文本框中输入form2，"动作"设置为jiage.asp，在"目标"下拉列表中选择_blank，将"方法"设置为GET，如图12-15所示。

08 将光标置于表单中，输入相应的文字，如图12-16所示。

图12-17　插入文本域

10 将光标置于文本域的右边，执行"插入"|"表单"|"按钮"命令，插入按钮，在"属性"面板中的"值"文本框中输入"查询"，将"动作"设置为"提交表单"，如图12-18所示。

图12-18　插入按钮

12.3.2　制作按名称搜索结果页面

按名称搜索结果页面的功能是获取并处理搜索页面提交的表单数据，并最终将结果显示在页面中，如图12-19所示。设计的要点是创建记录集、绑定字段和创建"重复区域"服务器行为，具体操作步骤如下。

```
原始文件：原始文件/CH12/index.html
最终文件：最终文件/CH12/jieguo.asp
```

图12-19　按名称搜索结果页面

01 打开网页文档index.htm，将其另存为jieguo.asp。将光标置于相应的位置，执行"插入"|"表格"命令，插入2行4列的表格，在"属性"面板中将"填充"和"间距"分别设置为2、3，"边框"设置为1，如图12-20所示。

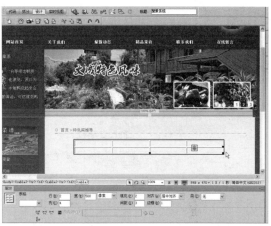

图12-20　插入表格

02 选中第1行单元格，在"属性"面板中将"背景颜色"设置为#C92432，如图12-21所示。

图12-21　设置单元格背景颜色

03 分别在第1行单元格中输入相应的文字，将"文本颜色"设置为#FFF，如图12-22所示。

04 单击"绑定"面板中的⊞按钮，在弹出的菜单中选择"记录集（查询）"选项，弹出"记录集"对话框。在"名称"文本框中输入Rs1，在"连接"下拉列表中选择sousuo，在"表格"下拉列表中选择sousuo，"列"设置为"全部"，在"筛选"下拉列表中选择sousuo_name、包含、URL参数和sousuo_name，在"排序"下拉列表中选择sousuo_id和降序，如图12-23所示。

图12-22　输入文字

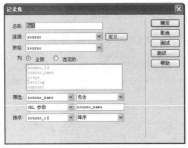

图12-23　"记录集"对话框

05 在"记录集"对话框中单击右边的"测试"按钮，弹出"请提供一个测试值"对话框，在对话框的文本框中输入一个商品的名称，如图12-24所示。

图12-24　"请提供一个测试值"对话框

06 单击"确定"按钮，弹出"测试SQL指令"对话框，说明记录集已设置成功，如图12-25所示。

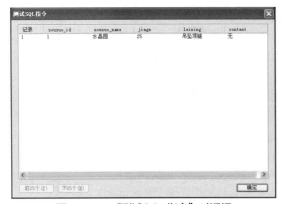

图12-25　"测试SQL指令"对话框

07 单击"确定"按钮，返回到"记录集"对话框，单击"确定"按钮，创建记录集，如图12-26所示，其代码如下所示。

图12-26　创建记录集

```
<%Dim Rs1
Dim Rs1_cmd
Dim Rs1_numRows
Set Rs1_cmd = Server.CreateObject
("ADODB.Command")
 Rs1_cmd.ActiveConnection = MM_
sousuo_STRING
 ' 按照名称搜索
 Rs1_cmd.CommandText = "SELECT *
FROM sousuo
 WHERE sousuo_name like ? ORDER BY
sousuo_id DESC"
 Rs1_cmd.Prepared = true
 Rs1_cmd.Parameters.Append
 Rs1_cmd.CreateParameter("param1",
200, 1, 50, Rs1__MMColParam)
 Set Rs1 = Rs1_cmd.Execute
 Rs1_numRows = 0%>
```

代码解析

　　上面的代码用于查询名称中包含关键字的商品信息。上面的SQL语句中除了基本语句外，还包含一个LIKE操作符。LIKE操作符是定义"筛选"条件中字段与URL参数的运算与对比关系后产生的，即"包含"。

08 将光标置于第2行第1列单元格中，在"绑定"面板中展开记录集Rs1，选中sousuo_name字段，单击右下角的"插入"按钮，绑定字段，如图12-27所示。

09 按照步骤**08**的方法，分别将jiage、leixing和content字段绑定到相应的位置，如图12-28所示。

图12-27 绑定字段sousuo_name

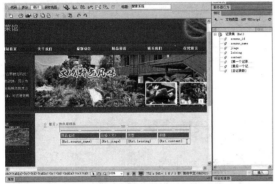

图12-28 绑定其他字段

10 选中第2行单元格,单击"服务器行为"面板中的🔢按钮,在弹出的菜单中选中"重复区域"选项,弹出"重复区域"对话框,在对话框中的

"记录集"下拉列表中选中Rs1,将"显示"设置为"所有记录",如图12-29所示。

图12-29 "重复区域"对话框

11 单击"确定"按钮,创建"重复区域"服务器行为,如图12-30所示,插入的重复区域代码如下所示。

图12-30 创建"重复区域"服务器行为

```asp
<% While ((Repeat1__numRows <> 0) AND (NOT Rs1.EOF)) %>
    <tr>
        <td><%=(Rs1.Fields.Item("sousuo_name").Value)%></td>
        <td><%=(Rs1.Fields.Item("jiage").Value)%></td>
        <td><%=(Rs1.Fields.Item("leixing").Value)%></td>
        <td><%=(Rs1.Fields.Item("content").Value)%></td>
    </tr>
    <%
Repeat1__index=Repeat1__index+1
Repeat1__numRows=Repeat1__numRows-1
Rs1.MoveNext()
Wend
%>
```

12.3.3 制作按价格搜索结果页面

按价格搜索结果页面如图12-31所示,具体操作步骤如下。

原始文件:原始文件/CH12/index.html
最终文件:最终文件/CH12/jiage.asp

图12-31 按价格搜索结果页面

01 打开网页文档index.htm，将其另存为jiage.asp。将光标置于相应的位置，执行"插入"|"表格"命令，插入2行4列的表格，在"属性"面板中将"填充"和"间距"分别设置为2，"边框"设置为1，如图12-32所示。

图12-32 插入表格

02 选中第1行单元格，在"属性"面板中将"背景颜色"设置为#C92432，如图12-33所示。

03 分别在第1行单元格中输入相应的文字，将"文本颜色"设置为#FFF，如图12-34所示。

04 单击"绑定"面板中的⊞按钮，在弹出的菜单中选择"记录集（查询）"选项，弹出"记录集"对话框。在对话框中的"名称"文本框中输入Rs1，在"连接"下拉列表中选择sousuo，在"表格"下拉列表中选择sousuo，"列"设置

为"全部"，在"筛选"下拉列表中选择jiage、<=、URL参数和jiage，在"排序"下拉列表中选择sousuo_id和降序，如图12-35所示。

图12-33 设置单元格背景颜色

图12-34 输入文字

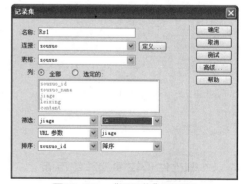

图12-35 "记录集"对话框

05 在"记录集"对话框中单击右边的"高级"按钮，切换到"记录集"对话框的高级模式，如图12-36所示。

06 在对话框中单击"编辑"按钮，弹出"编辑参

数"对话框,在对话框中的"默认值"文本框中
输入0,如图12-37所示。

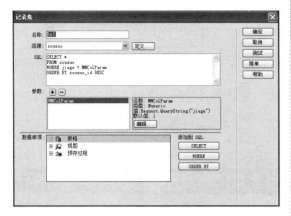

图12-36 "记录集"对话框的高级模式

07 单击"确定"按钮,返回到"记录集"对话框
的高级模式,单击"确定"按钮,创建记录集,
如图12-38所示,其代码如下所示。

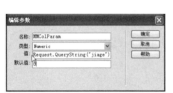

图12-37 "编辑参数"
对话框

图12-38 创建
记录集

```
<%Dim Rs1
Dim Rs1_cmd
Dim Rs1_numRows
Set Rs1_cmd = Server.CreateObject
("ADODB.Command")
Rs1_cmd.ActiveConnection = MM_sousuo_
STRING
' 按价格搜索
Rs1_cmd.CommandText = "SELECT *
FROM sousuo
WHERE jiage <= ? ORDER BY sousuo_
id DESC"
Rs1_cmd.Prepared = true
Rs1_cmd.Parameters.Append
Rs1_cmd.CreateParameter("param1",
5, 1, -1, Rs1__MMColParam)
Set Rs1 = Rs1_cmd.Execute
Rs1_numRows = 0%>
```

上面的代码用于查询商品名称中小于某一价
格的商品,关键是设置了一个<=操作符。

08 将光标置于第2行第1列单元格中,在"绑定"
面板中展开记录集Rs1,选中sousuo_name字段,
单击"插入"按钮,绑定字段,如图12-39所示。

图12-39 绑定字段sousuo_name

09 按照步骤**08**的方法,分别将jiage、leixing和
content字段绑定到相应的位置,如图12-40所示。

图12-40 绑定其他字段

10 选中第2行单元格,单击"服务器行为"面板
中的⊞按钮,在弹出的菜单中选择"重复区域"
选项,弹出"重复区域"对话框,在"记录集"
下拉列表中选中Rs1,"显示"设置为"所有记
录",如图12-41所示。

图12-41 "重复区域"对话框

11 单击"确定"按钮,创建"重复区域"服务器行为,如图12-42所示。

图12-42 创建"重复区域"服务器行为

12 选中占位符{Rs1.jiage},在"绑定"面板中单击 按钮,在弹出的菜单中选择"货币"|"默认值"选项,如图12-43所示。

图12-43 选择"货币"|"默认值"选项

13 选择选项后,"绑定"面板如图12-44所示。

图12-44 "绑定"面板

12.4 本章小结

在一个网上产品系统中,数据库存储的产品信息可能有几十万条记录。如何使用户从这么多的数据中找到自己想要的信息,这就需要网站提供查询检索系统。本章主要学习了搜索查询系统的设计和制作。

本章导读

在浏览某些网站时，用户需要进行注册。在注册时，用户需填写姓名、账号、密码、电话等信息，这些信息将被储存在一个数据表中，以便管理员对注册用户进行统一管理。注册完毕后，用户只需输入账号及密码即可登录网站。本章主要介绍会员注册管理系统的制作过程。

技术要点

⊙ 熟悉会员注册管理系统设计分析
⊙ 掌握创建数据表与数据库连接
⊙ 掌握创建会员注册页面

⊙ 掌握创建会员登录页面的方法
⊙ 掌握创建管理系统页面的方法

实例展示

会员注册页面

会员登录页面

会员管理总页面

会员修改页面

13.1 会员注册管理系统设计分析

本章介绍的会员注册管理系统主要分为注册、登录和管理3部分，其中注册和登录模块需要进行数据有效性验证。如图13-1所示是会员注册管理系统结构图。

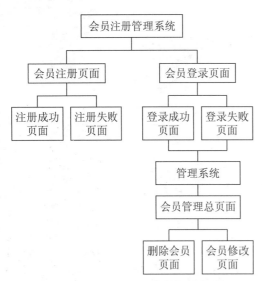

图13-1　会员注册管理系统结构图

　　会员注册页面zhuce.asp如图13-2所示，在这个页面中输入会员的详细信息。

图13-2　注册页面

　　会员登录页面denglu.asp如图13-3所示，根据用户提交的用户名和密码判断是否正确。如果用户名和密码不对，转向登录失败页面，否则转向登录成功页面。

　　会员管理总页面guanli.asp如图13-4所示，在这个页面中可以修改、删除会员。

　　删除会员页面shanchu.asp如图13-5所示，在这个页面中单击"删除会员"按钮，可以删除会员。

　　会员修改页面xiugai.asp如图13-6所示，此页面用于修改会员的资料。

图13-3　会员登录页面

图13-4　会员管理总页面

图13-5　删除会员页面

图13-6 会员修改页面

13.2 创建数据表与数据库连接

会员注册管理系统的数据库文件主要用于存储用户注册的用户名、密码及一些个人信息，如性别、年龄、E-mail、电话等。

13.2.1 创建数据表

原始文件：原始文件/**CH13**/zhuce.mdb

首先要设计一个存储用户注册资料的数据库文件，这里设计一个Access数据库，能够实现用户名、密码等资料的添加和修改功能。本章介绍的会员注册管理系统数据库是zhuce.mdb，其中有一个会员信息表zhuce，表的字段名称、数据类型和说明如表13-1所示。

表13-1 会员信息表zhuce

字段名称	数据类型	说明
zhuce_id	自动编号	自动编号
zhuce_name	文本	用户名
email	文本	电子邮箱
tel	数字	电话
pass	文本	密码

13.2.2 创建数据库连接

在创建数据库后，必须在Dreamweaver中建立能够使用的数据库连接对象，这样才能在动态网页中使用这个数据库文件。连接数据库的方法有很多，下面介绍如何使用自定义字符串的方法连接数据库，具体操作步骤如下。

01 打开要创建数据库连接的文档，执行"窗口"|"数据库"命令，打开"数据库"面板，在面板中单击 ⊞ 按钮，在弹出的菜单中选择"数据源名称（DSN）"选项，如图13-7所示。

图13-7 选择"数据源名称（DSN）"选项

02 弹出"数据源名称（DSN）"对话框，在对话框中的"连接名称"文本框中输入zhuce，在"数据源名称（DSN）"下拉列表中选择zhuce，如图13-8所示。

图13-8 "数据源名称（DSN）"对话框

03 单击"确定"按钮，即可成功连接，此时的"数据库"面板如图13-9所示，显示出了数据库表中的字段。

图13-9 "数据库"面板

04 此时，会在网站根目录下自动创建一个名为Connections的文件夹，Connections文件内有一个名为zhuce.asp的文件，其代码如下。

```
<%' FileName="Connection_ado_conn_
string.htm"
 ' Type="ADO"
 ' DesigntimeType="ADO"
 ' HTTP="true"
 ' Catalog=""
 ' Schema=""
Dim MM_zhuce_STRING
MM_zhuce_STRING = "Provider=
Microsoft.JET.Oledb.4.0;
 Data Source="&Server.Mappath("/zhuce.
mdb")%>
```

13.3　创建会员注册页面

一个会员注册管理系统首先需要提供新用户注册功能。会员注册页面除了提供输入信息的平台、表单的检查等静态功能以外，还提供数据的提交、重名的检查等动态功能。

13.3.1　注册页面

注册页面如图13-10所示。这个页面主要用于新会员的注册，实际上新会员注册的操作就是向数据库中的zhuce表中添加记录。设计的要点是插入

图13-10　注册页面

表单对象、检查表单、插入记录和创建"检查新用户名"服务器行为，具体操作步骤如下。

原始文件：原始文件/CH13/index.html
最终文件：最终文件/CH13/zhuce.asp

01 打开网页文档index.htm，将其另存为zhuce.asp，如图13-11所示。

图13-11　另存文档

02 将光标置于相应位置，执行"插入"|"表单"|"表单"命令，插入表单，如图13-12所示。

图13-12　插入表单

03 将光标置于表单中，插入6行2列的表格，在"属性"面板中将"填充"设置为4，"对齐"设置为"居中对齐"，如图13-13所示。

04 分别在表格的第1列单元格中输入相应的文字，如图13-14所示。

05 将光标置于第1行第2列单元格中，执行"插入"|"表单"|"文本域"命令，插入文本域，在"属性"面板中的"文本域"文本框中输入zhuce_name，"字符宽度"设置为25，"类型"设置为"单行"，如图13-15所示。

域，在"属性"面板中的"文本域"文本框中输入pass1，"字符宽度"设置为25，"类型"设置为"密码"，如图13-17所示。

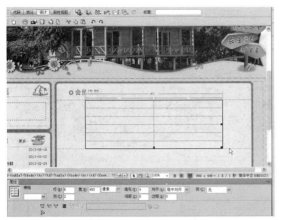

图13-13　插入表格

图13-16　插入文本域pass

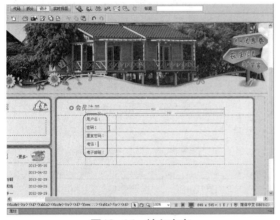

图13-14　输入文字

图13-17　插入文本域pass1

08 将光标置于第4行第2列单元格中，插入文本域，在"属性"面板中的"文本域"文本框中输入tel，"字符宽度"设置为11，"类型"设置为"单行"，如图13-18所示。

图13-15　插入文本域zhuce_name

06 将光标置于第2行第2列单元格中，执行"插入"|"表单"|"文本域"命令，插入文本域，在"属性"面板中的"文本域"文本框中输入pass，"字符宽度"设置为25，"类型"设置为"密码"，如图13-16所示。

07 将光标置于第3行第2列单元格中，插入文本

图13-18　插入文本域tel

185

09 将光标置于第5行第2列单元格中，插入文本域，在"文本域"文本框中输入email，"字符宽度"设置为25，"类型"设置为"单行"，如图13-19所示。

图13-19 插入文本域email

10 将光标置于第5行第2列单元格中，执行"插入"|"表单"|"按钮"命令，插入按钮，在"属性"面板中的"值"文本框中输入"注册"，"动作"设置为"提交表单"，如图13-20所示。

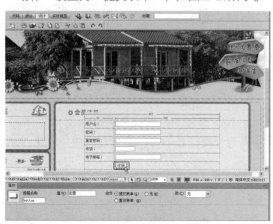

图13-20 插入"注册"按钮

11 将光标置于"注册"按钮的后面，再插入一个按钮，在"属性"面板中的"值"文本框中输入"重置"，"动作"设置为"重设表单"，如图13-21所示。

12 选中表单，单击"行为"面板中的"添加行为"按钮 **+**，在弹出的菜单中选择"检查表单"，弹出"检查表单"对话框。将文本域 zhuce_name、pass和pass1的"值"都设置为"必需的"，"可接受"设置为"任何东西"；文本域tel的"值"设置为"必需的"，"可接受"设置为"数字"；文本域email的"值"设置为"必需的"，"可接受"设置为"电子邮件地址"。如图13-22所示。

图13-21 插入"重置"按钮

图13-22 "检查表单"对话框

13 单击"确定"按钮，将行为添加到"行为"面板中，如图13-23所示。

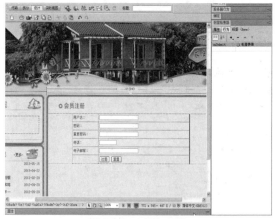

图13-23 添加行为

14 切换到拆分视图，在验证表单动作的源代码中输入以下代码，用于验证两次输入的密码是否一致，如图13-24所示。

```
if(MM_findObj(pass').value!=MM_
findObj('pass1').value)errors +='-两
次密码输入不一致 \n'
```

15 单击"服务器行为"面板中的 按钮，在弹出的菜单中选择"插入记录"选项，弹出"插入记录"
对话框，在对话框中的"连接"下拉列表中选择zhuce，在"插入到表格"下拉列表中选择zhuce，在
"插入后，转到"文本框中输入zhuceok.asp，在"获取值自"下拉列表中选择form1，如图13-25所示。

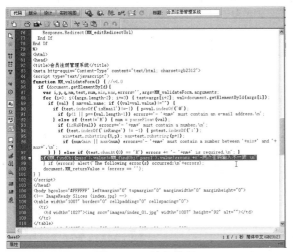

图13-24　输入代码　　　　　　　　图13-25　"插入记录"对话框

16 单击"确定"按钮，创建"插入记录"服务器行为，如图13-26所示，插入记录的代码如下。

图13-26　创建"插入记录"服务器行为

```
<%
If (CStr(Request("MM_insert")) = "form1")
  Then
  If (Not MM_abortEdit)
    Then
    Dim MM_editCmd
    Set MM_editCmd = Server.CreateObject ("ADODB.Command")
    MM_editCmd.ActiveConnection = MM_zhuce_STRING
    ' 使用INSERT INTO语句将会员资料添加到会员表zhuce中
    MM_editCmd.CommandText = "INSERT INTO zhuce (zhuce_name, pass, tel, email)
VALUES (?, ?, ?, ?)"
    MM_editCmd.Prepared = true
    MM_editCmd.Parameters.Append MM_editCmd.CreateParameter("param1", 202,
1, 50, Request.Form("zhuce_name")) ' adVarWChar
```

```
      MM_editCmd.Parameters.Append MM_editCmd.CreateParameter("param2", 202,
1, 50, Request.Form("pass")) ' adVarWChar
      MM_editCmd.Parameters.Append MM_editCmd.CreateParameter("param3", 5, 1,
-1, MM_IIF(Request.Form("tel"), Request.Form("tel"), null)) ' adDouble
      MM_editCmd.Parameters.Append MM_editCmd.CreateParameter("param4", 202,
1, 50, Request.Form("email")) ' adVarWChar
      MM_editCmd.Execute
      MM_editCmd.ActiveConnection.Close
      ' 注册成功后转到zhuceok.asp页面
      Dim MM_editRedirectUrl
      MM_editRedirectUrl = "zhuceok.asp"
      If (Request.QueryString <> "") Then
        If (InStr(1, MM_editRedirectUrl, "?", vbTextCompare) = 0) Then
          MM_editRedirectUrl = MM_editRedirectUrl & "?" & Request.QueryString
        Else
          MM_editRedirectUrl = MM_editRedirectUrl & "&" & Request.QueryString
        End If
      End If
      Response.Redirect(MM_editRedirectUrl)
    End If
  End If
%>
```

代码解析

　　上面这段代码的核心作用是使用insert into语句，将表单中填写的会员资料添加到会员表zhuce中。表单控件的名称与数据表中字段的名称一致，在"插入记录"对话框中，表单控件会自动对应与其相同名称的字段。注册成功后转到zhuceok.asp页面。

17 单击"服务器行为"面板中的⊞按钮，在弹出的菜单中选择"用户身份验证"|"检查新用户名"选项，如图13-27所示。

18 弹出"检查新用户名"对话框，在对话框中的"用户名字段"下拉列表中选择zhuce_name，在"如果已存在，则转到"文本框中输入zhucebai.asp，如图13-28所示。

图13-27　选择"检查新用户名"选项

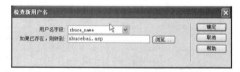

图13-28　"检查新用户名"对话框

19 单击"确定"按钮，创建"检查新用户名"服务器行为，代码如下。

```
<%MM_flag = "MM_insert"
If (CStr(Request(MM_flag)) <> "")
```

```
Then
    Dim MM_rsKey
    Dim MM_rsKey_cmd
    MM_dupKeyRedirect = "zhucebai.asp"
    MM_dupKeyUsernameValue = CStr(Request.Form("zhuce_name"))
    Set MM_rsKey_cmd = Server.CreateObject ("ADODB.Command")
    MM_rsKey_cmd.ActiveConnection = MM_zhuce_STRING
    MM_rsKey_cmd.CommandText = "SELECT zhuce_name FROM zhuce WHERE zhuce_name = ?"
    MM_rsKey_cmd.Prepared = true
    MM_rsKey_cmd.Parameters.Append MM_rsKey_cmd.CreateParameter("param1", 200,
1, 50, MM_dupKeyUsernameValue) ' adVarChar
    Set MM_rsKey = MM_rsKey_cmd.Execute
    If Not MM_rsKey.EOF Or Not MM_rsKey.BOF Then
      MM_qsChar = "?"
      If (InStr(1, MM_dupKeyRedirect, "?") >= 1) Then MM_qsChar = "&"
      MM_dupKeyRedirect = MM_dupKeyRedirect & MM_qsChar & "requsername=" & MM_
dupKeyUsernameValue
      Response.Redirect(MM_dupKeyRedirect)
    End If
    MM_rsKey.Close
  End If%>
```

代码解析

　　使用"检查新用户名"服务器行为，可以验证用户在注册信息页面输入的用户名与数据库中的现有会员用户名是否重复。如果用户已存在，则转到zhucebai.asp页面。

13.3.2　注册成功与失败页面

　　为了方便用户登录，应该在注册成功页面zhuceok.asp中设置一个转到denglu.asp页面的链接对象。同时为了方便用户重新注册，则应该在zhucebai.asp页面设置一个转到注册页面zhuce.asp的链接对象。注册成功与失败页面分别如图13-29和图13-30所示，具体操作步骤如下。

图13-29　注册成功页面

图13-30　注册失败页面

01 打开网页文档index.htm，将其另存为zhuceok. asp。将光标置于相应的位置，按Enter键换行，执行"插入"|"表格"命令，插入2行1列的表格，在"属性"面板中将"填充"设置为4，"对齐"设置为"居中对齐"，选中所有单元格，将"水平"设置为"居中对齐"，如图13-31所示。

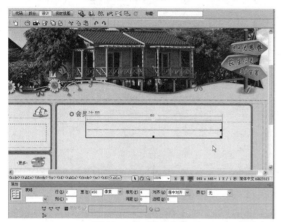

图13-31　插入表格

02 分别在单元格中输入相应的文字，如图13-32所示。

图13-32　输入文字

03 选中文字"登录"，在"属性"面板中的"链接"文本框中输入denglu.asp，设置链接，如图13-33所示。

04 打开网页文档index.htm，将其另存为zhucebai. asp。插入2行1列的表格，在"属性"面板中将"填充"设置为4，"对齐"设置为"居中对齐"，如图13-34所示。

05 选中所有单元格，将"水平"设置为"居中对齐"，分别在单元格中输入相应的文字，如图13-35所示。

图13-33　设置登录链接

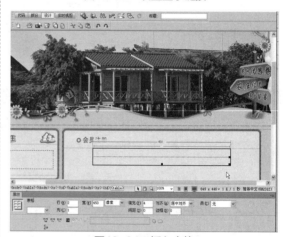

图13-34　插入表格

图13-35　输入文字

06 选中文字"重新注册"，在"属性"面板中的"链接"文本框中输入zhuce.asp，设置链接，如图13-36所示。

图13-36 设置重新注册链接

13.4 创建会员登录页面

在注册系统中，对于已经录入数据库的记录，会员在下次进入站点时，将凭借其注册成功的用户名及对应的注册密码进行登录。

13.4.1 会员登录页面

在用户访问该登录系统时，首先要进行身份验证，这个功能是靠登录页面来实现的。如果输入的用户名和密码与数据库中已有的用户名和密码相匹配，则登录成功，进入dengluok.asp页面。如果输入的用户名和密码与数据库中已有的用户名和密码不匹配，则登录失败，进入denglubai.asp页面。会员登录页面如图13-37所示，设计的要点是插入表单对象、检查表单、创建记录集和创建"登录用户"服务器行为，具体操作步骤如下。

原始文件：原始文件/CH13/index.html
最终文件：最终文件/CH13/denglu.asp

01 打开网页文档index.htm，将其另存为denglu.asp。将光标置于相应的位置，执行"插入"|"表单"|"表单"命令，插入表单，如图13-38所示。

02 将光标置于表单中，执行"插入"|"表格"命令，插入3行2列的表格，在"属性"面板中将"填充"设置为4，"对齐"设置为"居中对齐"，如图13-39所示。

图13-37 会员登录页面

图13-38 插入表单

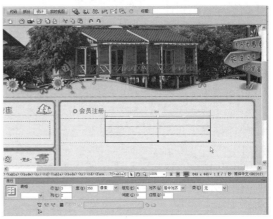

图13-39 插入表格

03 分别在单元格中输入相应的文字，如图13-40所示。

图13-40　输入文字

04 将光标置于第1行第2列单元格中，执行"插入"|"表单"|"文本域"命令。插入文本域，在"属性"面板的"文本域"文本框中输入zhuce_name，"字符宽度"设置为25，"类型"设置为"单行"，如图13-41所示。

图13-41　插入文本域zhuce_name

05 将光标置于第2行第2列单元格中，插入文本域，在"属性"面板中的"文本域"文本框中输入pass，"字符宽度"设置为25，"类型"设置为"密码"，如图13-42所示。

06 将光标置于第3行第2列单元格中，执行"插入"|"表单"|"按钮"命令，插入按钮，在"属性"面板中的"值"文本框中输入"登录"，"动作"设置为"提交表单"，如图13-43所示。

07 将光标置于"登录"按钮的后面，再插入一个按钮，在"属性"面板中的"值"文本框中输入"重置"，"动作"设置为"重设表单"，如图13-44所示。

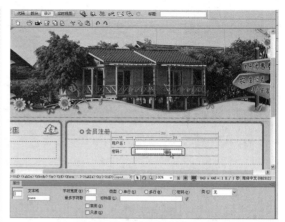

图13-42　插入文本域pass

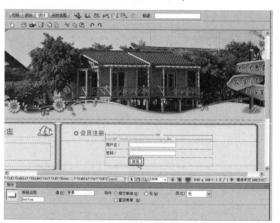

图13-43　插入"登录"按钮

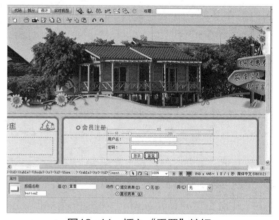

图13-44　插入"重置"按钮

08 选中表单，单击"行为"面板中的"添加行为"按钮，在弹出的菜单中选择"检查表单"选项，弹出"检查表单"对话框，在对话框中将文本域zhuce_name和pass的"值"设置为"必需的"，"可接受"设置为"任何东西"，如图13-45所示。

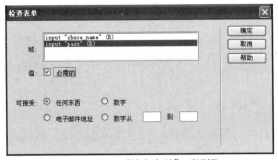

图13-45 "检查表单"对话框

09 单击"确定"按钮,将行为添加到"行为"面板中,如图13-46所示。

图13-46 "行为"面板

10 单击"绑定"面板中的⊞,在弹出的菜单中选择"记录集(查询)"选项,弹出"记录集"对话框。在对话框中的"名称"文本框中输入Rs1,在"连接"下拉列表中选择zhuce,在"表格"下拉列表中选择zhuce,"列"设置为"选定的",在其列表框中选择zhuce、name和pass,如图13-47所示。

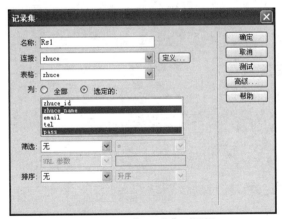

图13-47 "记录集"对话框

11 单击"确定"按钮,创建记录集,如图13-48所示。

12 单击"服务器行为"面板中的⊞按钮,在弹出的菜单中选择"用户身份验证"|"登录用户"选项。弹出"登录用户"对话框,在对话框中的

"从表单获取输入"下拉列表中选择form1,在"使用连接验证"下拉列表中选择zhuce,在"表格"下拉列表中选择zhuce,在"用户名列"下拉列表中选择zhuce_name,在"密码列"下拉列表中选择pass,在"如果登录成功,转到"文本框中输入dengluok.asp,在"如果登录失败,转到"文本框中输入denglubai.asp,如图13-49所示。

图13-48 创建记录集

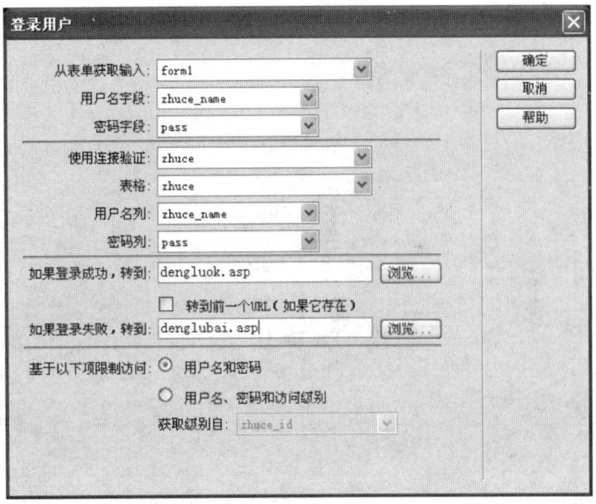

图13-49 "登录用户"对话框

13 单击"确定"按钮,创建"登录用户"服务器行为,如图13-50所示,其代码如下。

图13-50 创建"登录用户"服务器行为

```
<%MM_LoginAction = Request.ServerVariables(«URL»)
If Request.QueryString <> ""
Then
MM_LoginAction = MM_LoginAction+"?"+ Server.HTMLEncode(Request.QueryString)
MM_valUsername = CStr(Request.Form("zhuce_name"))
If MM_valUsername <> "" Then
  Dim MM_fldUserAuthorization
  Dim MM_redirectLoginSuccess
  Dim MM_redirectLoginFailed
  Dim MM_loginSQL
  Dim MM_rsUser
  Dim MM_rsUser_cmd
  MM_fldUserAuthorization = ""
  ' 登录成功后转到页面dengluok.asp
  MM_redirectLoginSuccess = "dengluok.asp"
  ' 登录失败后转到页面denglubai.asp
  MM_redirectLoginFailed = "denglubai.asp"
  ' 从会员表中读取会员名称和密码
  MM_loginSQL = "SELECT zhuce_name, pass"
  If MM_fldUserAuthorization <> ""
Then MM_loginSQL = MM_loginSQL & "," & MM_fldUserAuthorization
  MM_loginSQL = MM_loginSQL & " FROM zhuce WHERE zhuce_name = ? AND pass = ?"
  Set MM_rsUser_cmd = Server.CreateObject ("ADODB.Command")
  MM_rsUser_cmd.ActiveConnection = MM_zhuce_STRING
  MM_rsUser_cmd.CommandText = MM_loginSQL
  MM_rsUser_cmd.Parameters.Append MM_rsUser_cmd.CreateParameter("param1",200,
1,50, MM_valUsername)' adVarChar
  MM_rsUser_cmd.Parameters.Append MM_rsUser_cmd.CreateParameter("param2",
200, 1, 50, Request.Form("pass")) ' adVarChar
  MM_rsUser_cmd.Prepared = true
  Set MM_rsUser = MM_rsUser_cmd.Execute
  If Not MM_rsUser.EOF Or Not MM_rsUser.BOF Then
    Session("MM_Username") = MM_valUsername
    If (MM_fldUserAuthorization <> "") Then
      Session("MM_UserAuthorization")= CStr(MM_rsUser.Fields.Item(MM_fldUserAuthorization).
Value)
    Else
      Session("MM_UserAuthorization") = ""
    End If
    if CStr(Request.QueryString("accessdenied")) <> "" And false Then
      MM_redirectLoginSuccess = Request.QueryString("accessdenied")
    End If
    MM_rsUser.Close
    Response.Redirect(MM_redirectLoginSuccess)
  End If
  MM_rsUser.Close
  Response.Redirect(MM_redirectLoginFailed)
End If%>
```

代码解析 📖

这段代码的作用是验证登录的用户名和密码与数据库表中的用户名和密码是否一致。首先从表单获取输入的用户名和密码信息，然后从

会员表zhuce中读取用户名和密码，再判断是否一致。如果一致则转向登录成功页面dengluok.asp；如果不一致，则转向登录失败页面denglubai.asp。

13.4.2 登录成功页面

在会员登录页面中，如果输入的用户名和密码与数据库中已有的用户名和密码相匹配，则登录成功，进入到登录成功页面，如图13-51所示，具体操作步骤如下。

图13-51 登录成功页面

01 打开网页文档index.htm，将其另存为dengluok.asp。将光标置于相应的位置，按Enter键换行，执行"插入"|"表格"命令，插入1行1列的表格，在"属性"面板中将"填充"设置为4，"对齐"设置为"居中对齐"，将光标置于单元格中，将"水平"设置为"居中对齐"，如图13-52所示。

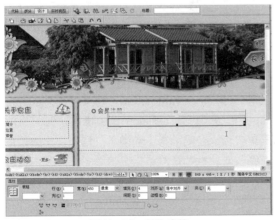

图13-52 插入表格

02 输入相应的文字，如图13-53所示。

图13-53 输入文字

13.4.3 登录失败页面

在会员登录页面中，如果输入的用户名和密码与数据库中已有的用户名和密码不匹配，则登录失败，进入到登录失败页面，如图13-54所示，具体操作步骤如下。

图13-54 登录失败页面

01 打开网页文档index.htm，将其另存为denglubai.asp。将光标置于相应的位置，按Enter键换行，执行"插入"|"表格"命令，插入2行1列的表格，在"属性"面板中将"填充"设置为4，"对齐"设置为"居中对齐"，如图13-55所示。

02 选中所有的单元格，将"水平"设置为"居中对齐"，分别在单元格中输入相应的文字，如图13-56所示。

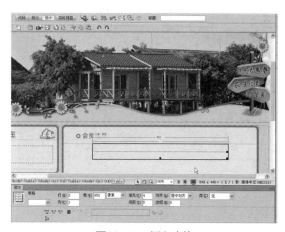

图13-55　插入表格

图13-56　输入文字

03 选中文字"重新登录"，在"属性"面板中的"链接"文本框中输入denglu.asp，设置链接，如图13-57所示。

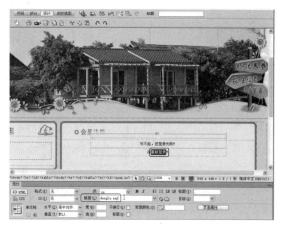

图13-57　设置重新登录链接

13.5　创建管理系统页面

在一般情况下，会员注册管理系统都应该为会员提供修改、删除资料的功能。实际上，修改注册用户资料的过程就是更新记录的过程，删除用户资料的过程就是删除记录的过程。

13.5.1　会员管理总页面

会员管理总页面如图13-58所示。在这个页面中列出了所有会员的资料，可以单击后面的"修改"和"删除"链接，进行修改会员资料和删除会员的操作。设计的要点是创建记录、插入动态表格、插入记录集导航、创建显示区域、转到详细页面和限制对页面的访问服务器行为，具体操作步骤如下。

图13-58　会员管理总页面

01 打开网页文档index.htm，将其另存为guanli.asp。单击"绑定"面板中的⊞按钮，在弹出的菜单中选择"记录集（查询）"选项，弹出"记录集"对话框，在对话框中的"名称"文本框中输入Rs1，在"连接"下拉列表中选择zhuce，在"表格"下拉列表中选择zhuce，"列"设置为"全部"，在"排序"下拉列表中选择zhuce_id和降序，如图13-59所示。

02 单击"确定"按钮，创建记录集，如图13-60所示为"绑定"面板中的记录集。

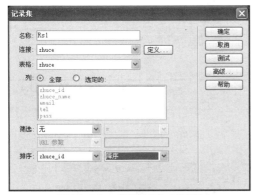

图13-59　"记录集"对话框

图13-60　记录集

03 将光标置于相应的位置，单击"数据"插入栏中的"动态表格"按钮，弹出"动态表格"对话框，在对话框中的"记录集"下拉列表中选择Rs1，如图13-61所示。

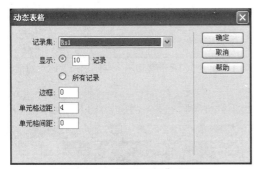

图13-61　"动态表格"对话框

04 "显示"设置为"10记录"，"边框"和"单元格间距"分别设置为0，"单元格边距"设置为4，单击"确定"按钮，插入动态表格，如图13-62所示。

05 将光标置于动态表格的右边，按Enter键换行，单击"数据"插入栏的"记录集导航条"按钮，弹出"记录集导航条"对话框，在对话框中的"记录集"下列表中选择Rs1，"显示方式"

设置为"文本"，如图13-63所示。

图13-62　插入动态表格

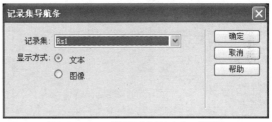

图13-63　"记录集导航条"对话框

06 单击"确定"按钮，插入记录集导航，在"属性"面板中把"宽"设置为300像素，"对齐"设置为"居中对齐"，如图13-64所示。

图13-64　插入记录集导航

07 将光标置于记录集导航条的下边，插入1行1列的表格，如图13-65所示。

08 将光标置于表格中，输入相应的文字，如图13-66所示。

09 选中文字"注册"，在"属性"面板中的"链接"文本框中输入zhuce.asp，设置链接，如图13-67所示。

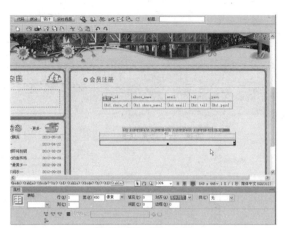

图13-65　插入表格

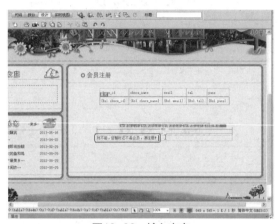

图13-66　输入文字

图13-67　设置注册链接

10 选中表格，单击"服务器行为"面板中的 ⊞ 按钮，在弹出的菜单中选择"显示区域"|"如果记录集为空则显示区域"选项，如图13-68所示。弹出"如果记录集为空则显示区域"对话框，在对话框中的"记录集"下拉列表中选择Rs1。

图13-68　"如果记录集为空则显示区域"对话框

11 单击"确定"按钮，创建"如果记录集为空则显示区域"服务器行为，如图13-69所示。

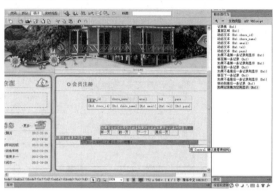

图13-69　创建服务器行为

12 选中动态表格和记录集导航条，单击"服务器行为"面板中的 ⊞ 按钮，在弹出的菜单中选择"显示区域"|"如果记录集不为空则显示区域"选项，弹出"如果记录集不为空则显示区域"对话框，在对话框中的"记录集"下拉列表中选择Rs1，如图13-70所示。

图13-70　"如果记录集不为空则显示区域"对话框

13 单击"确定"按钮，创建"如果记录集不为空则显示区域"服务器行为，如图13-71所示。

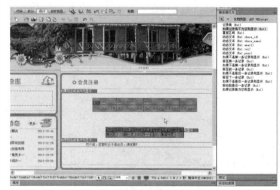

图13-71　创建"如果记录集不为空则显示区域"服务器行为

14 将动态表格中的第1行和第2行第5列单元格中的内容修改为文字，如图13-72所示。

图13-72 修改为文字

15 选中文字"修改"，单击"服务器行为"面板中的<u>+</u>按钮，在弹出的菜单中选择"转到详细页面"选项，弹出"转到详细页面"对话框，在"详细信息页"文本框中输入xiugai.asp，在"记录集"下拉列表中选择Rs1，在"列"下拉列表中选择zhuce_id，如图13-73所示。

图13-73 "转到详细页面"对话框

16 单击"确定"按钮，创建"转到详细页面"服务器行为，链接到修改会员资料页面，如图13-74所示。

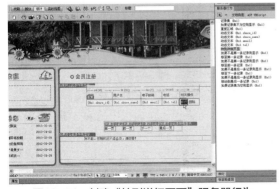

图13-74 创建"转到详细页面"服务器行为

17 选中文字"删除"，单击"服务器行为"面板中的<u>+</u>按钮，在弹出的菜单中选择"转到详细

页面"选项，弹出"转到详细页面"对话框，在"详细信息页"文本框中输入shanchu.asp，在"记录集"下拉列表中选择Rs1，在"列"下拉列表中选择zhuce_id，如图13-75所示。

图13-75 "转到详细页面"对话框

18 单击"确定"按钮，创建"转到详细页面"服务器行为，链接到删除会员页面，如图13-76所示。

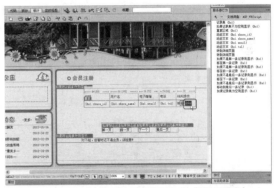

图13-76 创建"转到详细页面"服务器行为

19 单击"服务器行为"面板中的<u>+</u>按钮，在弹出的菜单中选择"用户身份验证"|"限制对页的访问"选项，弹出"限制对页的访问"对话框，在对话框中的"如果访问被拒绝，则转到"文本框中输入denglu.asp，如图13-77所示。单击"确定"按钮，创建"限制对页的访问"服务器行为。

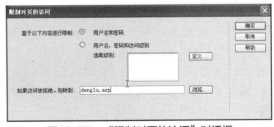

图13-77 "限制对页的访问"对话框

13.5.2 删除会员页面

删除会员页面效果如图13-78所示，主要使用了"删除记录"和"限制对页的访问"服务器行

为，具体操作步骤如下。

图13-78　删除会员页面效果

01 打开网页文档index.htm，将其另存为shanchu.asp。将光标置于相应的位置，执行"插入"|"表单"|"表单"命令，插入表单，如图13-79所示。

图13-79　插入表单

02 将光标置于表单中，执行"插入"|"表单"|"按钮"命令，插入按钮，在"属性"面板中的"值"文本框中输入"删除会员"，"动作"设置为"提交表单"，如图13-80所示。

03 单击"绑定"面板中的国按钮，在弹出的菜单中选择"记录集（查询）"选项，弹出"记录集"对话框，在对话框中的"名称"文本框中输入Rs1，在"连接"下拉列表中选择zhuce，在"表格"下拉列表中选择zhuce，"列"设置为"全部"，在"筛选"下拉列表中分别选择zhuce_id、=、URL参数和zhuce_id，如图13-81所示。

图13-80　插入按钮

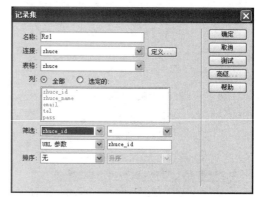

图13-81　"记录集"对话框

04 单击"确定"按钮，创建记录集，如图13-82所示。

图13-82　创建记录集

05 单击"服务器行为"面板中的国按钮，在弹出的菜单中选择"删除记录"选项，弹出"删除记录"对话框，在对话框中的"连接"下拉列表中选择zhuce，在"从表格中删除"下拉列表中选择zhuce，在"提交此表单以删除"下拉列表中选择form1，在"删除后，转到"文本框中输入guanli.asp，如图13-83所示。

06 单击"确定"按钮,创建"删除记录"服务器行为,如图13-84所示,其代码如下所示。

图13-83 "删除记录"对话框

图13-84 创建"删除记录"服务器行为

```
<%If (CStr(Request("MM_delete")) = "form1" And CStr(Request("MM_recordId"))
<> "") Then
    If (Not MM_abortEdit) Then
      Set MM_editCmd = Server.CreateObject ("ADODB.Command")
      MM_editCmd.ActiveConnection = MM_zhuce_STRING
      ' 使用DELETE语句从zhuce表中删除记录
      MM_editCmd.CommandText = "DELETE FROM zhuce WHERE zhuce_id = ?"
      MM_editCmd.Parameters.Append MM_editCmd.CreateParameter("param1", 5,
1, -1, Request.Form("MM_recordId")) ' adDouble
      MM_editCmd.Execute
      MM_editCmd.ActiveConnection.Close
      ' 删除成功后转到guanli.asp页面
      Dim MM_editRedirectUrl
      MM_editRedirectUrl = "guanli.asp"
      If (Request.QueryString <> "") Then
        If (InStr(1, MM_editRedirectUrl, "?", vbTextCompare) = 0) Then
          MM_editRedirectUrl = MM_editRedirectUrl & "?" & Request.QueryString
        Else
          MM_editRedirectUrl = MM_editRedirectUrl & "&" & Request.QueryString
        End If
      End If
      Response.Redirect(MM_editRedirectUrl)
    End If
  End If%>
```

代码解析

　　这段代码的核心作用是使用DELETE语句从zhuce表中删除记录。在网页应用程序的开发过程中,一个相对完善的后台管理系统除了具备信息添加和更新功能外,还必须具有删除信息的功能。

07 单击"服务器行为"面板中的⊞按钮,在弹出的菜单中选择"用户身份验证"|"限制对页的访问"选项,弹出"限制对页的访问"对话框,在

对话框中的"如果访问被拒绝,则转到"文本框中输入denglu.asp,如图13-85所示。

图13-85 "限制对页的访问"对话框

08 单击"确定"按钮,创建"限制对页的访问"服务器行为。

13.5.3 会员修改页面

会员修改页面的效果如图13-86所示，会员修改资料的过程其实就是更新记录的过程。设计的要点是创建记录集、更新记录表单向导和限制对页的访问，具体操作步骤如下。

图13-86 会员修改页面的效果

01 打开网页文档index.htm，将其另存为xiugai.asp。单击"绑定"面板中的➕按钮，在弹出的菜单中选择"记录集（查询）"选项，弹出"记录集"对话框，在对话框中的"名称"文本框中输入Rs1，如图13-87所示。

图13-87 "记录集"对话框

02 在"连接"下拉列表中选择zhuce，在"表格"下拉列表中选择zhuce，"列"设置为"全部"，在"筛选"下拉列表中分别选择zhuce_id、=、URL参数和zhuce_id，单击"确定"按钮，创建记录集，如图13-88所示。

图13-88 创建记录集

03 将光标置于相应的位置，单击"数据"插入栏中的"更新记录表单向导"按钮📋，弹出"更新记录表单"对话框，在对话框中的"连接"下拉列表中选择zhuce，在"要更新的表格"下拉列表中选择zhuce，在"选取记录自"下拉列表中选择Rs1，在"唯一键列"下拉列表中选择zhuce_id，在"在更新后，转到"文本框中输入guanli.asp，如图13-89所示。

图13-89 "更新记录表单"对话框

04 在"表单字段"列表框中选中zhuce_id字段，单击➖按钮，将其删除，选中zhuce_name字段，在"标签"文本框中输入"用户名："，选中pass字段，在"标签"文本框中输入"密码："，选中tel字段，在"标签"文本框中输入"电话："，选中email字段，在"标签"文本框中输入"电子邮箱："，单击"确定"按钮，插入更新记录表单，如图13-90所示，其代码如下所示。

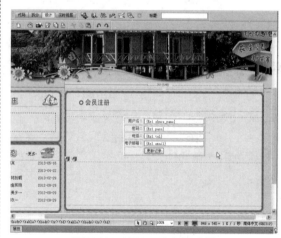

图13-90 插入更新记录表单

```
    <%If (CStr(Request("MM_update")) = "form1") Then
      If (Not MM_abortEdit) Then
        Dim MM_editCmd
        Set MM_editCmd = Server.CreateObject ("ADODB.Command")
        MM_editCmd.ActiveConnection = MM_zhuce_STRING
        ' 更新会员表zhuce中的记录
         MM_editCmd.CommandText = "UPDATE zhuce SET zhuce_name = ?, pass = ?,
tel = ?, email = ? WHERE zhuce_id = ?"
        MM_editCmd.Prepared = true
        MM_editCmd.Parameters.Append MM_editCmd.CreateParameter("param1", 202,
1, 50, Request.Form("zhuce_name")) ' adVarWChar
        MM_editCmd.Parameters.Append MM_editCmd.CreateParameter("param2", 202,
1, 50, Request.Form("pass")) ' adVarWChar
        MM_editCmd.Parameters.Append MM_editCmd.CreateParameter("param3", 5, 1,
-1, MM_IIF(Request.Form("tel"), Request.Form("tel"), null)) ' adDouble
        MM_editCmd.Parameters.Append MM_editCmd.CreateParameter("param4", 202,
1, 50, Request.Form("email")) ' adVarWChar
        MM_editCmd.Parameters.Append MM_editCmd.CreateParameter("param5", 5, 1, -1,
MM_IIF(Request.Form("MM_recordId"), Request.Form("MM_recordId"), null)) ' adDouble
        MM_editCmd.Execute
        MM_editCmd.ActiveConnection.Close
        ' 更新成功后转到guanli.asp页面
        Dim MM_editRedirectUrl
        MM_editRedirectUrl = "guanli.asp"
        If (Request.QueryString <> "") Then
          If (InStr(1, MM_editRedirectUrl, "?", vbTextCompare) = 0) Then
            MM_editRedirectUrl = MM_editRedirectUrl & "?" & Request.QueryString
          Else
            MM_editRedirectUrl = MM_editRedirectUrl & "&" & Request.QueryString
          End If
        End If
        Response.Redirect(MM_editRedirectUrl)
      End If
End If%>
```

代码解析 🔍

这段代码的核心作用就是使用UPDATE来更新会员资料。既然有会员资料的录入，便有可能需要对资料进行更新。与资料录入不同的是，更新是指对指定的已经存在的记录进行更新。

05 单击"服务器行为"面板中的⊞按钮，在弹出的菜单中选择"用户身份验证"|"限制对页的访问"选项，弹出"限制对页的访问"对话框，在对话框中的"如果访问被拒绝，则转到"文本框中输入denglu.asp，如图13-91所示。

06 单击"确定"按钮，创建"限制对页的访问"服务器行为。

图13-91 "限制对页的访问"对话框

13.6 本章小结

本章主要学习了会员注册管理系统的创建，包括注册页面、会员登录页面、会员管理总页面、删除会员页面和会员修改页面等。在创建注册系统这样的动态网页之前，首先应熟练掌握Dreamweaver的服务器行为的基本功能，然后根据需要建立数据库的数据表、数据库的连接，完成后就可以着手制作动态网页了。

第4部分

动态网站综合案例

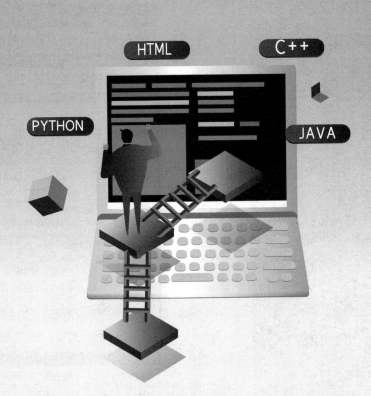

第14章

设计企业宣传网站

本章导读

　　企业在Internet上拥有自己的网站是必然趋势，网上形象的树立已成为企业宣传的关键。通过网络可以宣传产品和服务，还可以与用户及其他企业建立实时互动的信息交换。

技术要点

⊙ 熟悉企业网站前期策划　　　　　　⊙ 掌握设计企业网站首页

⊙ 熟悉企业网站主要功能栏目　　　　⊙ 掌握制作企业网站二级页面

⊙ 熟悉企业网站色彩搭配和风格创意　⊙ 掌握制作企业网站新闻发布系统

实例展示

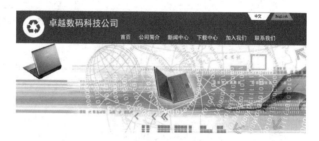

企业网站首页

企业网站新闻列表页面

14.1 企业网站前期策划

企业网站是以企业宣传为主题而构建的网站，域名后缀一般为.com。与一般门户型网站不同，企业网站的信息量比较少。该类型网站页面结构主要包括公司简介、产品展示、服务等。

14.1.1 明确企业网站的建站目的

在互联网时代，大大小小的网站层出不穷。很多企业和商家觉得网站能够给自己带来效益，但是不明确为什么要建设网站。

网站建设的第一步是要知道为什么建站？建站想实现怎样的预期目标？当然，了解企业自身的发展状况，管理团队、营销渠道、产品优势、竞争对手都是必不可少的工作。

在网站建设中应该避免人云亦云和盲目模仿。否则，就会完全忽略自身产品、销售渠道、服务等各方面的情况。企业网站建设初期需要进行各方面的综合分析，才能真正体现企业的需求。

网站的功能不是越多越好，否则极容易导致资源浪费。建设网站时如果贪图网站页面的华美，在网站上加入很多图片或者Flash动画，在一定程度上会影响访问速度，从而流失一部分客户。在注重网站外观的同时，更要注重网站的内在功能，让客户有良好体验的网站才是成功的企业网站。

14.1.2 网站总体策划

明确建站目的后，接下来要进行前期策划。对于成功的网站而言，最重要的是前期策划，而不是技术，而且前期策划应该考虑多方面的因素。

（1）网站建设要明确网站的侧重点。自身的优势和劣势必须提前进行评估，包括如何通过网站放大优势，补充劣势。一个别具风格且充分考虑用户体验和客户需求的网站才是更受欢迎的网站。

（2）网站建设要进行市场调查。市场调查包括向客户和合作伙伴汲取更有意义的资料，明白客户和合作伙伴最需要的是什么？这样最终呈现的网站才有可能实现效益转化。

（3）收集整理高质量的内容，高质量的网站内容是吸引用户的重要因素。一定要尽可能多地收集和整理网站需要的内容和素材。内容为王是推广中的一个重要法宝，网站包含原创的文章也是非常必要的。

（4）明确自己的竞争优势。线上、线下的竞争对手是谁？线上的竞争对手可以通过搜索引擎查找。与竞争对手相比，在商品、价格、服务、品牌、配送渠道等方面有什么优势？竞争对手的优势能否学习？如何根据自己的竞争优势来确定营销战略？

（5）确定网站的更新方式。信息网站维护人员更新、发布，还是由业务部门自行更新、发布？集中更新、发布的安全性好，便于管理，但信息更新速度可能较慢，有时还会出现协调不力的问题。

14.2 企业网站主要功能栏目

企业网站不仅代表企业的品牌形象，也是开展网络营销的根据地，网站建设的水平对网络营销的效果有直接影响。有调查表明，许多知名企业的网站设计水平与企业的品牌形象很不相称，功能也很不完善，甚至根本无法满足网络营销的基本需要。那么，怎样才能建设一个真正有用的企业网站呢？

首先应该对企业网站可以实现的功能有全面的认识。建设企业网站，不是为了赶时髦，也不是为了标榜自己的实力，而是让网站成为有效的网络营销工具和网上销售渠道。企业网站主要有以下模块。

- 公司概况：包括公司背景、发展历史、主要业绩、经营理念、经营目标及组织结构等，让用户对公司的情况有概括的了解。

- 企业新闻动态：可以利用互联网的信息传播优势，构建企业新闻发布平台，通过新闻发布/管理系统让信息发布与管理变得简单、迅速，以便及时发布本企业的新闻、公告等信息。通过公司动态可以让用户了解公司的发展动向，加深对公司的印象，从而达到展示企业实力和形象的目的。

➤ 产品展示：如果企业提供多种产品服务，利用产品展示系统对产品进行系统的管理，包括产品的添加与删除、产品类别的添加与删除、产品的快速搜索等，为客户提供一个全面的产品展示平台。更重要的是，可以通过网站建立与客户的有效沟通，收集反馈信息，从而改进产品质量和提高服务水平。

➤ 产品搜索：如果产品比较多，无法在简单的目录中全部列出，而且经常有产品升级换代，为了让用户方便地找到所需要的产品，除了设计详细的分级目录之外，增加关键词搜索功能不失为有效的措施。

➤ 网上招聘：网上招聘系统可以根据企业自身的特点，建立企业网络人才库。人才库对外可以进行在线网络即时招聘，对内可以方便管理人员对招聘信息和应聘人员进行管理，同时人才库可以为企业储备人才，为日后所用。

➤ 售后服务：质量保证条款、售后服务措施、售后服务的联系方式等都是用户比较关心的信息，而且是否可以在本地获得售后服务往往是影响用户购买决策的重要因素，对于这些信息应该尽可能详细地提供。

➤ 技术支持：这对生产或销售高科技产品的公司尤为重要，网站上除了产品说明书之外，企业还应该将用户关心的技术问题及解决方案公布在网上，如一些常见故障处理、产品的驱动程序、软件工具的版本等，可以用在线提问或常见问题的方式体现。

➤ 联系信息：网站应该提供详尽的联系信息，除了公司的地址、电话、传真、邮政编码、E-mail地址等基本信息之外，最好能详细地列出客户或者业务伙伴可能需要联系的具体部门的联系方式。对于有分支机构的企业，还应当有各地分支机构的联系方式，在为用户提供方便的同时，也起到了支持对各地业务的作用。

➤ 辅助信息：有时由于企业的产品比较少，网页会显得有些单调，可以通过增加一些辅助信息来弥补这种不足。辅助信息的内容比较

广泛，可以是与本公司、合作伙伴、经销商或用户相关的新闻、趣事，或产品保养/维修常识等。

14.3 企业网站色彩搭配和风格创意

网站作为一种媒体，首先要引人注目。设计美观、风格清晰的网站整体是令用户对网站"一见钟情"并继续阅读细节内容的保证。

企业网站给人的第一印象是网站的色彩，因此确定网站的色彩搭配是相当重要的一步。一般来说，一个网站的标准色彩不应超过3种，太多会让人眼花缭乱。标准色彩用于网站的标志、标题、导航栏和主色块，给人以整体统一的感觉。

➤ 绿色企业网站

绿色是企业网站使用较多的一种色彩。在使用绿色作为企业网站的主色调时，通常会使用渐变色过渡，使页面具有立体的空间感。绿色在食品企业网站中常见。一方面绿色能够表现食品的自然无公害，另一方面绿色能够很好地提高消费者对企业的信任度。如图14-1所示为绿色企业网站。

图14-1 绿色企业网站

➤ 蓝色企业网站

使用蓝色作为网站主色调的企业非常多。蓝色具有沉稳、严肃的色彩内涵，能体现企业的稳重大气与科技风格。深蓝色与浅蓝色搭配，整体页面和谐美观，很适合高科技企业。蓝色与白色或灰色等中性色彩搭配，能突出蓝色的色彩内涵。例如，采用蓝天白云背景作为页面的视觉中心，整体页面则主次分明，重点突出，具有很强

的商务性。如图14-2所示为蓝色企业网站。

图14-2　蓝色企业网站

➢ 红色企业网站

使用红色作为网站的主色调，能使企业网站具有蓬勃向上的朝气。如图14-3所示为红色企业网站。

图14-3　红色企业网站

14.4　设计企业网站首页

对于所有企业网站来说，重中之重的页面就是首页，能够设计好首页就相当于设计好企业网站的一半了。

14.4.1　设计首页

下面利用Photoshop设计企业网站首页，效果如图14-4所示，具体操作步骤如下。

01 启动Photoshop，执行"文件"|"新建"命令，弹出"新建"对话框，在该对话框中将"宽度"设置为1000像素，"高度"设置为800像素，如图14-5所示。

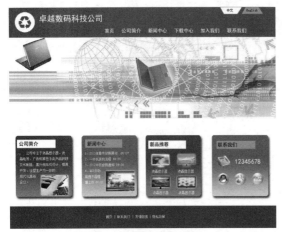

图14-4　网站首页的效果

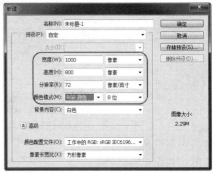

图14-5　"新建"对话框

02 单击"确定"按钮，新建空白文档，如图14-6所示。

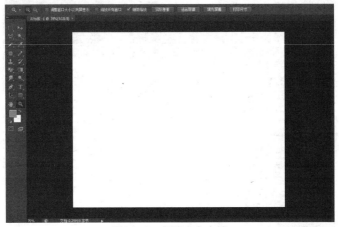

图14-6　新建空白文档

03 选择工具箱中的"矩形工具"，在选项栏中将"填充"颜色设置为#255b7f，在舞台中绘制矩形，如图14-7所示。

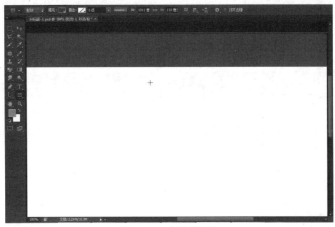

图14-7　绘制矩形

04 选择工具箱中的"椭圆工具"，在选项栏中将"填充"颜色设置为#ffffff，在舞台中绘制椭圆，如图14-8所示。

图14-8　绘制椭圆

05 选择工具箱中的"自定形状工具"，在选项栏中单击"形状"右边的下拉按钮，在弹出的列表中选择相应的形状，如图14-9所示。

06 在选项栏中将"填充"颜色设置为#005982，在舞台中绘制形状，效果如图14-10所示。

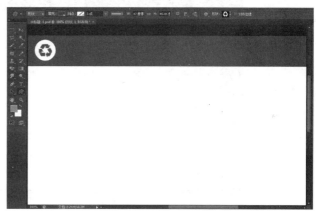

图14-9　选择形状

图14-10　绘制形状

07 选择工具箱中的"横排文字工具"，在选项栏中将字体设置为"黑体"，字体大小设置为30点，字体颜色设置为#fffaa7，输入文字"卓越数码科技公司"，如图14-11所示。

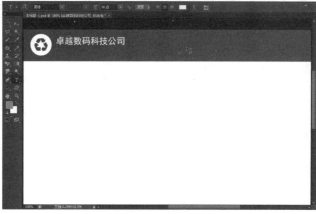

图14-11　输入文本

08 选择工具箱中的"矩形工具"，在选项栏中将"填充"颜色设置为#ffffff，在舞台中绘制矩形，如图14-12所示。

图14-12　绘制矩形

09 执行"编辑"｜"变换"｜"扭曲"命令，对矩形进行变换，如图14-13所示。

图14-13　变换矩形

10 按照步骤**08**~**09**的方法绘制另外一个形状，如图14-14所示。

图14-14　绘制另一个形状

11 选择工具箱中的"横排文字工具"，输入文本，如图14-15所示。

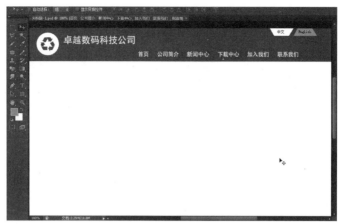

图14-15　输入文本

12 执行"文件"|"置入"命令，弹出"置入"对话框，在该对话框中选择图像文件ss.jpg，如图14-16所示。

13 单击"置入"按钮，置入图像，如图14-17所示。

图14-16　"置入"对话框

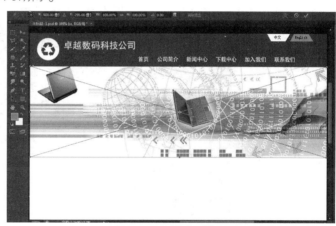

图14-17　置入图像

14 选择工具箱中的"圆角矩形工具"，在选项栏中单击"填充"右边的按钮，在弹出的列表框中设置填充颜色为"渐变"，如图14-18所示。

15 按住鼠标左键在舞台中绘制圆角矩形，如图14-19所示。

图14-18　设置"填充"颜色为"渐变"

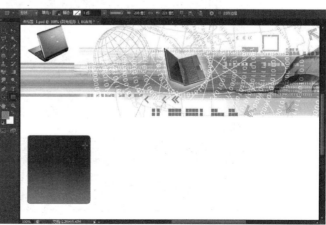

图14-19　绘制圆角矩形

16 执行"图层"|"图层样式"|"投影"命令，弹出"图层样式"对话框，在对话框中设置相应的参数，如图14-20所示。

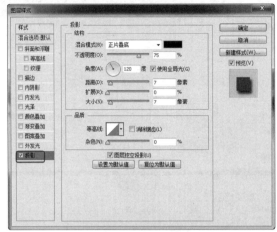

图14-20 "图层样式"对话框

17 单击"确定"按钮，设置图层样式后的效果如图14-21所示。

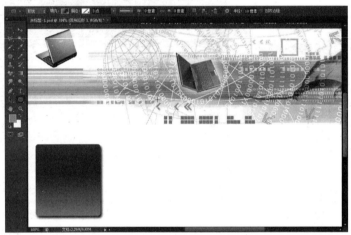

图14-21 设置图层样式后的效果

18 按照步骤**14**～**17**的方法绘制另外3个圆角矩形，如图14-22所示。

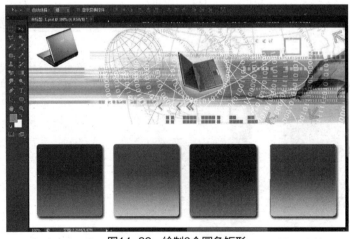

图14-22 绘制3个圆角矩形

19 选择工具箱中的"矩形工具"，在舞台中绘制4个矩形，如图14-23所示。

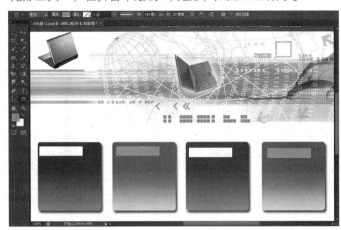

图14-23 绘制4个矩形

20 执行"文件"|"置入"命令，置入图像文件2.jpg，并将其拖动到相应的位置，如图14-24所示。

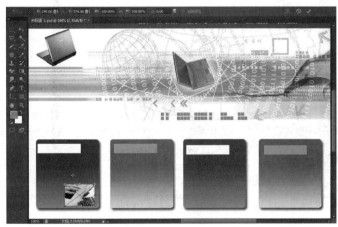

图14-24 置入图像

21 执行"图层"|"图层样式"|"外发光"命令，弹出"图层样式"对话框，在该对话框中设置相应的参数，如图14-25所示。

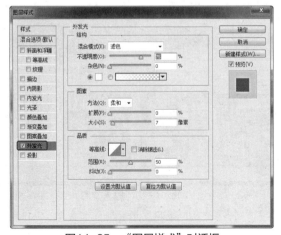

图14-25 "图层样式"对话框

22 单击"确定"按钮，设置图层样式后的效果如图14-26所示。

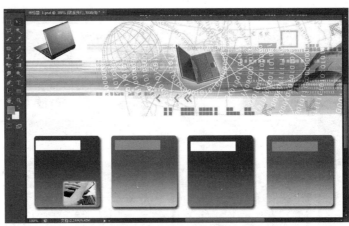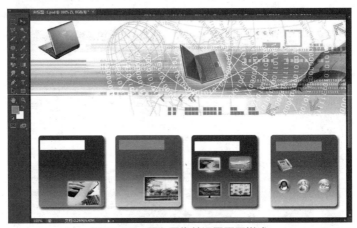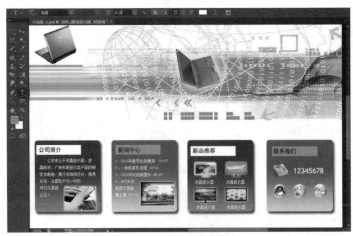

图14-26 设置图层样式后的效果

23 用同样的方法置入其他的图像，并设置相应的图层样式，如图14-27所示。

图14-27 置入图像并设置图层样式

24 选择工具箱中的"横排文字工具"，在舞台中输入相应的文本，如图14-28所示。

图14-28 输入文本

25 选择工具箱中的"矩形工具"，在选项栏中将"填充"颜色设置为#0f4464，在舞台中绘制矩形，如图14-29所示。

26 选择工具箱中的"横排文字工具"，在舞台中输入相应的文本，如图14-30所示。

图14-29 绘制矩形

图14-30 输入文本

14.4.2 切割首页

"切片工具"是Photoshop软件自带的一个平面图片切割工具。使用"切片工具"可以将一个完整的网页切割为许多小图片，以便于下载。切割网页后的效果如图14-31所示。具体操作步骤如下。

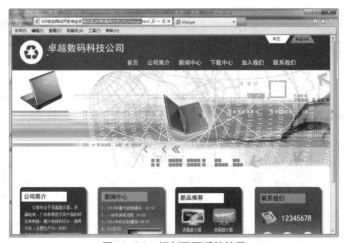

图14-31 切割网页后的效果

01 打开图像文件，选择工具箱中的"切片工具"，如图14-32所示。

图14-32 打开图像文件

02 将光标置于要创建切片的位置，按住鼠标左键并拖动，拖动到合适的切片大小即可绘制切片，如图14-33所示。

图14-33 绘制切片

03 选择"切片工具"，绘制其余的切片，如图14-34所示。

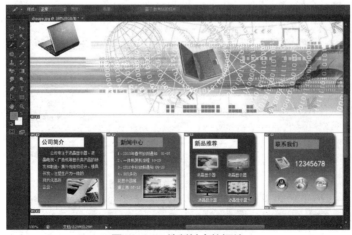

图14-34 绘制其余的切片

04 执行"文件"|"存储为Web所用格式"命令，弹出"存储为Web所用格式"对话框，在该对话框中选中所有切片，如图14-35所示。

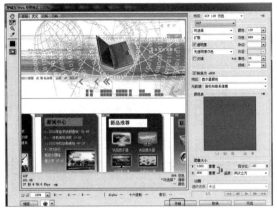

图14-35 "存储为Web所用格式"对话框

05 单击"存储"按钮，弹出"将优化结果存储为"对话框，在对话框中设置保存的位置和名称，如图14-36所示。

图14-36 "将优化结果存储为"对话框

06 单击"保存"按钮，同时创建一个文件夹，用于保存各个切片生成的文件。双击shouye.html打开web页面，效果如图14-31所示。

14.5 制作企业网站二级页面

在Dreamweaver中，可以将现有的HTML文档保存为模板，然后根据需要进行修改，或创建一个空白模板，在其中输入需要的文档内容。本节介绍模板的制作和应用。

14.5.1 创建模板

创建模板的具体操作步骤如下。

01 启动Dreamweaver，执行"文件"|"新建"命令，弹出"新建文档"对话框，在该对话框中选择"空模板"|"HTML模板"|"无"选项，如图14-37所示。

图14-37 "新建文档"对话框

02 单击"创建"按钮，新建空白文档，如图14-38所示。

图14-38 新建空白文档

03 执行"文件"|"保存"命令，弹出Dreamweaver提示框，如图14-39所示。

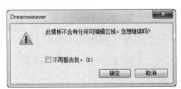

图14-39 Dreamweaver提示框

04 单击"确定"按钮，弹出"另存模板"对话框，在该对话框中将"另存为"设置为moban，如图14-40所示。

05 单击"保存"按钮，保存文档，如图14-41所示。

图14-40 "另存模板"对话框

图14-41 保存文档

06 执行"修改"|"页面属性"命令,弹出"页面属性"对话框,在该对话框中将"左边距"和"上边距"设置为0px,如图14-42所示。单击"确定"按钮,设置页面属性。

图14-42 "页面属性"对话框

07 执行"插入"|"表格"命令,弹出"表格"对话框,在该对话框中将"行数"设置为2,"列"设置为1,"表格宽度"设置为1007像素,如图14-43所示。

08 单击"确定"按钮,插入表格,在"属性"面板中,此表格记为表格1,如图14-44所示。

09 将光标置于第1行单元格中,执行"插入"|"图像"命令,弹出"选择图像源文件"对话框,在该对话框中选择图像文件index_01.gif,如图14-45所示。

10 单击"确定"按钮,插入图像,如图14-46所示。

图14-43 "表格"对话框

图14-44 插入表格1

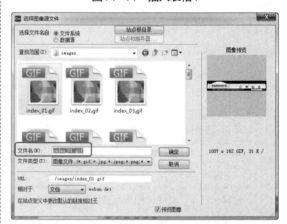

图14-45 "选择图像源文件"对话框

图14-46 在第1行单元格中插入图像

11 将光标置于第2行单元格中，执行"插入"|"图像"命令，插入图像index_02.gif，如图14-47所示。

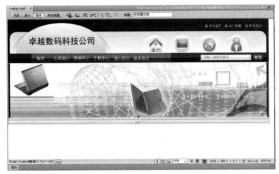

图14-47 在第2行单元格中插入图像

12 将光标置于表格1的右边，执行"插入"|"表格"命令，插入一个1行2列的表格，在"属性"面板中将此表格记为表格2，如图14-48所示。

图14-48 插入表格2

13 将光标置于表格2的第1列单元格中，执行"插入"|"表格"命令，插入一个8行1列的表格，在"属性"面板中将此表格记为表格3，如图14-49所示。

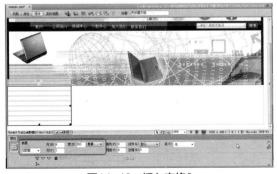

图14-49 插入表格3

14 将光标置于表格3的第1行单元格中，执行"插入"|"图像"命令，插入图像index_03.gif，如图14-50所示。

图14-50 在第1行单元格中插入图像

15 将光标置于表格3的第2行单元格中，执行"插入"|"图像"命令，插入图像index_05.gif，如图14-51所示。

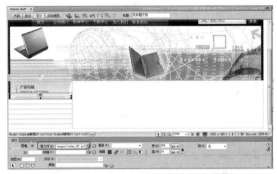

图14-51 在第2行单元格中插入图像

16 将光标置于表格3的第3行单元格中，切换至"拆分"视图，输入代码height="250" background="../images/index_09.gif"，设置行高和背景，如图14-52所示。

图14-52 设置行高和背景

17 将光标置于表格3的第3行单元格中，执行"插入"|"表格"命令，插入一个8行1列的表格，在"属性"面板中将此表格记为表格4，如图14-53所示。

18 分别在单元格中输入相应的文本，如图14-54所示。

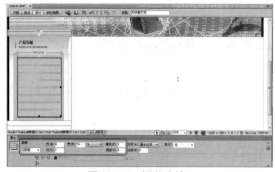

图14-53　插入表格4

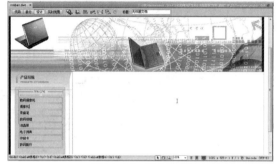

图14-54　输入文本

19 分别在其余单元格中插入图像、插入表格和输入相应的文本，效果如图14-55所示。

图14-55　插入图像、插入表格和输入文本

20 将光标置于表格2的第2列单元格中，执行"插入"|"模板对象"|"新建可编辑区域"命令，弹出"新建可编辑区域"对话框，效果如图14-56所示。

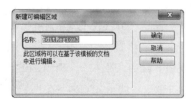

图14-56　"新建可编辑区域"对话框

21 单击"确定"按钮，插入可编辑区域，效果如图14-57所示。

图14-57　插入可编辑区域

22 将光标置于表格2的右边，插入一个1行1列的表格，然后在表格中插入图像index_21.gif，效果如图14-58所示。

图14-58　插入表格和图像

14.5.2　创建公司简介页面

利用模板创建的公司简介页面如图14-59所示，具体操作步骤如下。

图14-59　公司简介页面

01 启动Dreamweaver，执行"文件"|"新建"命令，弹出"新建文档"对话框，在该对话框中选择"模板中的页"中的moban选项，如图14-60所示。

图14-60 "新建文档"对话框

02 单击"创建"按钮,新建模板文档,如图14-61所示。

图14-61 新建模板文档

03 将光标置于可编辑区中,执行"插入"|"表格"命令,弹出"表格"对话框,在该对话框中将"行数"设置为1,"列"设置为2,如图14-62所示。

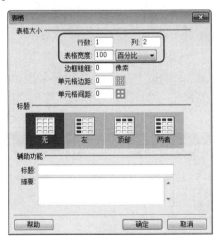

图14-62 "表格"对话框

04 单击"确定"按钮,插入表格,将光标置于第2列单元格中,在"属性"面板中将"宽"设置为15,如图14-63所示。

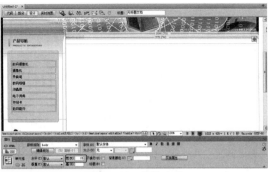

图14-63 插入表格

05 将光标置于第2列单元格中,执行"插入"|"图像"命令,插入图像index_11.gif,在"属性"面板中将"宽"设置为15px,"高"设置为617px,如图14-64所示。

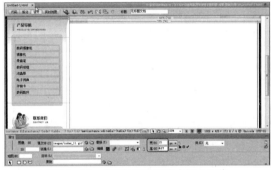

图14-64 在第2列单元格中插入图像

06 将光标置于第1列单元格中,执行"插入"|"表格"命令,插入一个2行1列的表格,在"属性"面板中将"对齐"设置为"居中对齐",如图14-65所示。

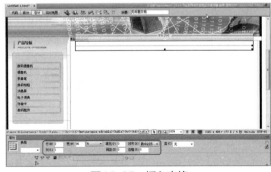

图14-65 插入表格

07 将光标置于第1行单元格中,执行"插入"|"图像"命令,插入图像index_04.gif,如图14-66所示。

08 将光标置于第2行单元格中,输入相应的文本,如图14-67所示。

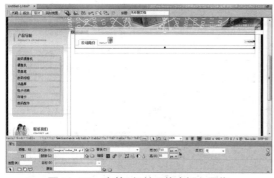

图14-66 在第1行单元格中插入图像

图14-67 输入文本

09 执行"文件"|"另存为"命令，弹出"另存为"对话框，在该对话框中设置相应的参数，如图14-68所示。

图14-68 "另存为"对话框

10 单击"保存"按钮，即可保存文档，预览网页效果如图14-59所示。

14.6 制作企业网站新闻发布系统

通过企业网站新闻发布系统，企业网站管理员发布、管理新闻，浏览者查看浏览新闻。其

中，发布新闻是将新闻信息加入数据库表中，查看浏览新闻是读取数据库中新闻信息。

14.6.1 创建数据表

数据库xinwen中包括新闻信息表xinwen，其中的字段名称和数据类型如表14-1所示。

表14-1 新闻信息表xinwen中的字段名称和数据类型

字段名称	数据类型	说明
ID	自动编号	新闻的编号
title	文本	新闻的标题
content	备注	新闻正文详细内容
time	日期/时间	新闻添加时间
author	文本	新闻的添加者

具体操作步骤如下。

01 启动Microsoft Access，执行"文件"|"新建"命令，打开"新建文件"面板，如图14-69所示。

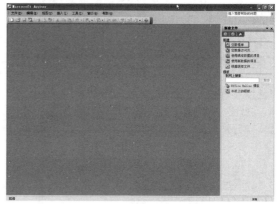

图14-69 "新建文件"面板

02 单击"空数据库"按钮，弹出"文件新建数据库"对话框，选择文件保存的位置，如图14-70所示。

图14-70 "文件新建数据库"对话框

03 单击"创建"按钮,弹出如图14-71所示的窗口,双击"使用设计器创建表"选项。

图14-71 双击"使用设计器创建表"

04 弹出"表1"窗口,在窗口中输入字段名称并设置数据类型,如图14-72所示。

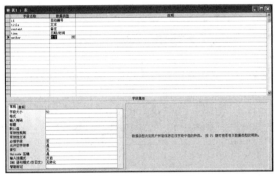

图14-72 "表1"窗口

05 将光标置于id字段中,单击鼠标右键,在弹出的快捷菜单中执行"主键"命令,如图14-73所示。

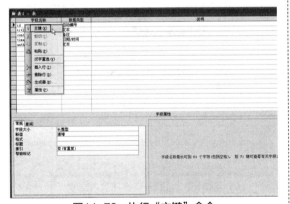

图14-73 执行"主键"命令

06 执行"文件"|"保存"命令,弹出"另存为"对话框,在对话框中的"表名称"文本框中输入xinwen,如图14-74所示。

图14-74 保存表

14.6.2 创建数据库连接

创建数据表后,需要创建数据库连接,才能创建动态网页,创建数据库连接的具体操作步骤如下。

01 打开文档,执行"窗口"|"数据库"命令,打开"数据库"面板,单击 + 按钮,在弹出的菜单中选择"数据源名称(DSN)"选项,如图14-75所示。

图14-75 选择"数据源名称(DSN)"选项

02 弹出"数据源名称(DSN)"对话框,在对话框中的"连接名称"文本框中输入xinwen,在"数据源名称(DSN)"下拉列表中选择xinwen,如图14-76所示。

图14-76 "数据源名称(DSN)"对话框

03 单击"确定"按钮,即可成功连接,此时的"数据库"面板如图14-77所示。

图14-77 "数据库"面板

14.6.3 制作新闻列表页面

新闻列表页面如图14-78所示。这个页面用于显示新闻列表信息,主要从新闻信息表xinwen中

225

读取新闻的标题和新闻发布时间，是利用创建记录集，然后绑定动态文本字段，并且给新闻标题添加"转到详细页面"服务器行为来实现的，具体操作步骤如下。

图14-78　新闻列表页面

01 从模板新建一个网页，将其另存为liebiao.asp，如图14-79所示。

图14-79　另存网页

02 将光标置于相应的位置。插入1行2列的表格，在"属性"面板中将"填充"设置为4，"间距"设置为1，"对齐"设置为"居中对齐"，如图14-80所示。

03 分别在单元格中输入文字，如图14-81所示。

04 将光标置于表格的下边，插入1行4列的表格，并输入文字，如图14-82所示。

图14-80　插入表格

图14-81　输入文字

图14-82　插入表格并输入文字

05 将光标置于表格的下边，再插入一个1行1列的表格，在"属性"面板中将"对齐"设置为"居中对齐"，并输入文字，如图14-83所示。

06 执行"窗口"|"绑定"命令，打开"绑定"面板，在面板中单击 按钮，在弹出的菜单中选择"记录集（查询）"选项，如图14-84所示。

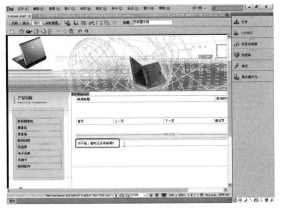

图14-83 继续插入表格并输入文字

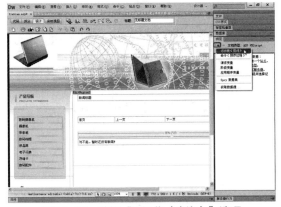

图14-84 选择"记录集（查询）"选项

07 弹出"记录集"对话框，在对话框中的"名称"文本框中输入Rs1，在"连接"下拉列表中选择xinwen，在"表格"下拉列表中选择xinwen，"列"设置为"全部"，在"排序"下拉列表中选择ID和降序，如图14-85所示。

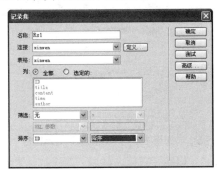

图14-85 "记录集"对话框

08 单击"确定"按钮，创建记录集，如图14-86所示。

09 选中文字"新闻标题"，在"绑定"面板中展开记录集Rs1，选中title字段，单击"插入"按钮，绑定字段，如图14-87所示。

图14-86 创建记录集

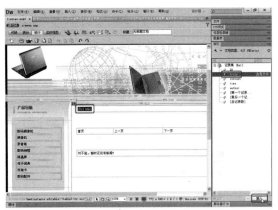

图14-87 绑定字段title

10 选中文字"添加时间"，在"绑定"面板中展开记录集Rs1，选中time字段，单击"插入"按钮，绑定字段，如图14-88所示。

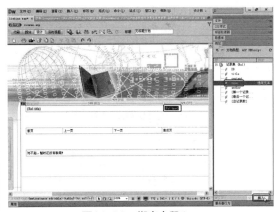

图14-88 绑定字段time

11 选中表格，执行"窗口"|"服务器行为"命令，打开"服务器行为"面板，在面板中单击■按钮，在弹出的菜单中选择"重复区域"选项，如图14-89所示。

12 弹出"重复区域"对话框，在对话框中的"记录集"下拉列表中选择Rs1，"显示"设置为"10记录"，如图14-90所示。

13 单击"确定"按钮，创建"重复区域"服务器行为，如图14-91所示。

图14-89　选择　　　　图14-90　"重复区域"
"重复区域"选项　　　　　　对话框

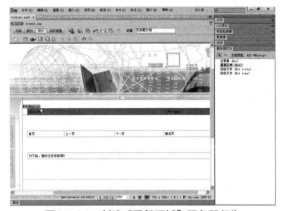

图14-91　创建"重复区域"服务器行为

14 选中文字"首页"，在"服务器行为"面板中单击按钮。在弹出的菜单中选择"记录集分页"|"移至第一条记录"选项，弹出"移至第一条记录"对话框，在对话框中的"记录集"下拉列表中选择Rs1，如图14-92所示。

图14-92　"移至第一条记录"对话框

15 单击"确定"按钮，创建"移至第一条记录"服务器行为，如图14-93所示。

16 按照步骤 **14** ~ **15** 的方法，对文字"上一页""下一页"和"最后页"分别创建"移至前一条记录""移至下一条记录"和"移动到最后一条记录"服务器行为，如图14-94所示。

17 选中文字"首页"，在"服务器行为"面板中单击按钮，在弹出的菜单中选择"显示区域"|"如果不是第一条记录则显示区域"选项，弹出"如果不是第一条记录则显示区域"对话框，在对话框中的"记录集"下拉列表中选择

Rs1，如图14-95所示。

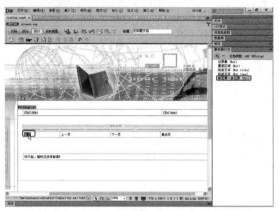

图14-93　创建"移至第一条记录"服务器行为

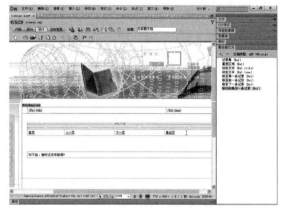

图14-94　创建其他服务器行为

图14-95　"如果不是第一条记录则显示区域"对话框

18 单击"确定"按钮，创建"如果不是第一条记录则显示区域"服务器行为，如图14-96所示。

19 按照步骤 **17** ~ **18** 的方法，对文字"上一页""下一页"和"最后页"分别创建"如果为最后一条记录则显示区域""如果为第一条记录则显示区域"和"如果不是最后一条记录则显示区域"服务器行为，如图14-97所示。

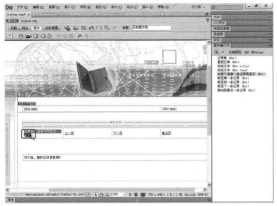

图14-96 创建服务器行为

图14-97 创建其他服务器行为

20 选中表格，在"服务器行为"面板中单击 ⊞ 按钮，在弹出的菜单中选择"显示区域"|"如果记录集不为空则显示区域"选项，弹出"如果记录集不为空则显示区域"对话框，在对话框中的"记录集"下拉列表中选择Rs1，如图14-98所示。

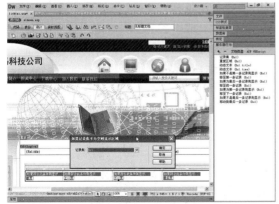

图14-98 "如果记录集不为空则显示区域"对话框

21 单击"确定"按钮，创建"如果记录集不为空则显示区域"服务器行为，如图14-99所示。

图14-99 创建服务器行为

22 选中表格，在"服务器行为"面板中单击 ⊞ 按钮，在弹出的菜单中选择"显示区域"|"如果记录集为空则显示区域"选项，弹出"如果记录集为空则显示区域"对话框，在对话框中的"记录集"下拉列表中选择Rs1，如图14-100所示。

图14-100 "如果记录集为空则显示区域"对话框

23 单击"确定"按钮，创建"如果记录集为空则显示区域"服务器行为，如图14-101所示。

图14-101 创建服务器行为

24 选中{Rs1.title}，在"服务器行为"面板中单

击 按钮，在弹出的菜单中选择"转到详细页
面"选项，弹出"转到详细页面"对话框，在对
话框中的"详细信息页"文本框中输入xiangxi.
asp，如图14-102所示。

图14-102 "转到详细页面"对话框

25 单击"确定"按钮，创建"转到详细页面"服
务器行为，如图14-103所示。

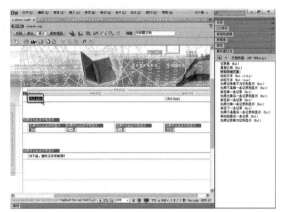

图14-103 创建服务器行为

14.6.4 制作新闻详细显示页面

新闻详细显示页面如图14-104所示。这个页
面用来显示新闻的详细内容，主要是通过创建记
录集和绑定动态文本字段来实现的，具体操作步
骤如下。

01 从模板新建一个网页，将其另存为xiangxi.asp。

02 将光标置于相应的位置，执行"插入"|"表
格"命令，插入3行1列的表格，在"属性"面板
中将"填充"设置为4，"间距"设置为1，"对
齐"设置为"居中对齐"，分别在单元格中输入
文字，如图14-105所示。

图14-104 新闻详细显示页面

图14-105 插入表格并输入文字

03 在"绑定"面板中单击 按钮，在弹出的菜
单中选择"记录集（查询）"选项，弹出"记录
集"对话框，在"名称"文本框中输入Rs1，在
"连接"下拉列表中选择xinwen，在"表格"下
拉列表中选择xinwen，"列"设置为"全部"，
在"筛选"下拉列表中选择ID、=、URL参数和
ID，如图14-106所示。

04 单击"确定"按钮，创建记录集，如图14-107
所示。

05 选中文字"新闻标题"，在"绑定"面板中
展开记录集Rs1，选中title字段，单击"插入"按
钮，绑定字段，如图14-108所示。

06 按照步骤**05**的方法，分别将author、time和
content字段绑定到相应的位置，如图14-109所示。

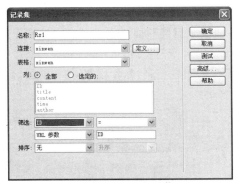

图14-106 "记录集"对话框

图14-107 创建记录集

图14-108 绑定字段title

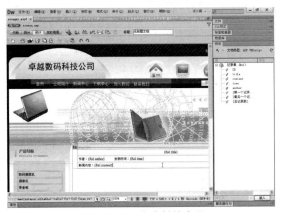

图14-109 绑定其他字段

14.6.5 制作新闻添加页面

新闻添加页面如图14-110所示，这个页面用于将输入的新闻信息提交到新闻表xinwen中，主要是通过插入表单对象和"插入记录"服务器行为来实现的，具体操作步骤如下。

图14-110 新闻添加页面

01 从模板新建一个网页，将其另存为tianjia.asp。将光标置于相应的位置，执行"插入"|"表单"|"表单"命令，插入表单，如图14-111所示。

图14-111 插入表单

02 将光标置于表单中，插入4行2列的表格，在"属性"面板中将"填充"设置为4，"间距"设置为1，"对齐"设置为"居中对齐"，分别在单元格中输入文字，如图14-112所示。

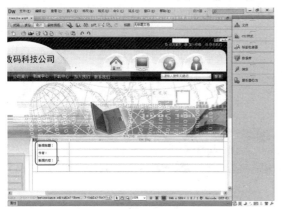

图14-112　插入表格并输入文字

03 将光标置于第1行第2列单元格中，插入文本域，在"属性"面板中将"文本域"设置为title，"字符宽度"设置为45，"类型"设置为"单行"，如图14-113所示。

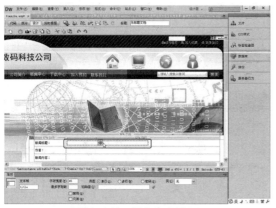

图14-113　插入文本域title

04 将光标置于第2行第2列单元格中，插入文本域，在"属性"面板中将"文本域"设置为author，"字符宽度"设置为25，"类型"设置为"单行"，如图14-114所示。

图14-114　插入文本域author

05 光标置于第3行第2列单元格中，插入文本区域，在"属性"面板中将"文本域"设置为contents，"字符宽度"设置为50，"类型"设置为"多行"，"行数"设置为8，如图14-115所示。

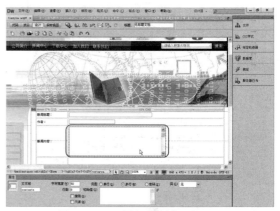

图14-115　插入文本域contents

06 将光标置于第4行第2列单元格中，插入按钮，在"属性"面板中将"值"设置为"提交"，"动作"设置为"提交表单"，如图14-116所示。

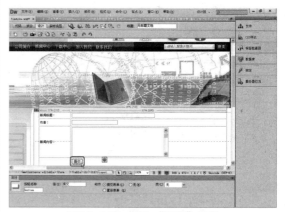

图14-116　插入"提交"按钮

07 将光标置于"提交"按钮的后面，插入按钮，在"属性"面板中将"值"设置为"重置"，"动作"设置为"重设表单"，如图14-117所示。

08 在"服务器行为"面板中单击⊕按钮，在弹出的菜单中选择"插入记录"选项。弹出"插入记录"对话框，在对话框中的"连接"下拉列表中选择xinwen，在"插入到表格"下拉列表中选择xinwen，在"插入后，转到"文本框中输入liebiao.asp，如图14-118所示。

09 单击"确定"按钮，创建"插入记录"服务器行为，如图14-119所示。

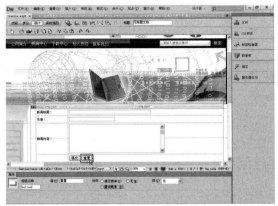

图14-117　插入"重置"按钮

图14-118　"插入记录"对话框

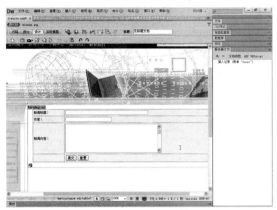

图14-119　创建服务器行为

14.7　本章小结

制作一个完整的企业网站，首先应考虑的是网站的主要功能、色彩搭配、风格创意。在设计综合性网站时，为了提高工作效率，应尽量避免一些重复性的劳动，可以采用模板设计。在学习本章的过程中，特别要好好掌握模板的创建与应用，掌握新闻系统的特点与制作方法。

表A-1　跑马灯

标签	功能
\<marquee>...\</marquee>	普通卷动
\<marquee behavior=slide>...\</marquee>	滑动
\<marquee behavior=scroll>...\</marquee>	预设卷动
\<marquee behavior=alternate>...\</marquee>	来回卷动
\<marquee direction=down>...\</marquee>	向下卷动
\<marquee direction=up>...\</marquee>	向上卷动
\<marquee direction=right>...\</marquee>	向右卷动
\<marquee direction=left>...\</marquee>	向左卷动
\<marquee loop=2>...\</marquee>	卷动次数
\<marquee width=180>...\</marquee>	设定宽度
\<marquee height=30>...\</marquee>	设定高度
\<marquee bgcolor=FF0000>...\</marquee>	设定背景颜色
\<marquee scrollamount=30>...\</marquee>	设定卷动距离
\<marquee scrolldelay=300>...\</marquee>	设定卷动时间

表A-2　字体效果

标签	功能
\<h1>...\</h1>	标题字（最大）
\<h6>...\</h6>	标题字（最小）
\...\	粗体字
\...\	粗体字（强调）
\<i>...\</i>	斜体字
\...\	斜体字（强调）
\<dfn>...\</dfn>	斜体字（表示定义）
\<u>...\</u>	底线
\<ins>...\</ins>	底线（表示插入文字）
\<strike>...\</strike>	横线
\<s>...\</s>	删除线
\<del>...\</del>	删除线（表示删除）
\<kbd>...\</kbd>	键盘文字
\<tt>...\</tt>	打字体
\<xmp>...\</xmp>	固定宽度字体（在文件中空白、换行、定位功能有效）
\<plaintext>...\</plaintext>	固定宽度字体（不执行标记符号）
\<listing>...\</listing>	固定宽度小字体
\<font color=00ff00>...\</font>	字体颜色
\<font size=1>...\</font>	最小字体
\<font style =font-size:100 px>...\</font>	无限增大

表A-3　区断标记

标签	功能
\<hr\>	水平线
\<hr size=9\>	水平线（设定大小）
\<hr width=80%\>	水平线（设定宽度）
\<hr color=ff0000\>	水平线（设定颜色）
\<br\>	（换行）
\<nobr\>...\</nobr\>	水域（不换行）
\<p\>...\</p\>	水域（段落）
\<center\>...\</center\>	置中

表A-4　链接

标签	功能
\<base href=地址\>	（预设好连结路径）
\<a href=地址\>\</a\>	外部连结
\<a href=地址 target=_blank\>\</a\>	外部连结（另开新窗口）
\<a href=地址 target=_top\>\</a\>	外部连结（全窗口连结）
\<a href=地址 target=页框名\>\</a\>	外部连结（在指定页框连结）

表A-5　图像/音乐

标签	功能
\<img src=图片地址\>	贴图
\<img src=图片地址 width=180\>	设定图片宽度
\<img src=图片地址 height=30\>	设定图片高度
\<img src=图片地址 alt=提示文字\>	设定图片提示文字
\<img src=图片地址 border=1\>	设定图片边框
\<bgsound src=MID音乐文件地址\>	背景音乐设定

表A-6　表格

标签	功能
\<table aling=left\>...\</table\>	表格位置，置左
\<table aling=center\>...\</table\>	表格位置，置中
\<table background=图片路径\>...\</table\>	背景图片的URL=就是路径网址
\<table border=边框大小\>...\</table\>	设定表格边框大小（使用数字）
\<table bgcolor=颜色码\>...\</table\>	设定表格的背景颜色
\<table borderclor=颜色码\>...\</table\>	设定表格边框的颜色
\<table borderclordark=颜色码\>...\</table\>	设定表格暗边框的颜色
\<table borderclorlight=颜色码\>...\</table\>	设定表格亮边框的颜色
\<table cellpadding=参数\>...\</table\>	指定内容与网格线之间的间距（使用数字）
\<table cellspacing=参数\>...\</table\>	指定网格线与网格线之间的距离（使用数字）
\<table cols=参数\>...\</table\>	指定表格的栏数
\<table frame=参数\>...\</table\>	设定表格外框线的显示方式
\<table width=宽度\>...\</table\>	指定表格的宽度大小（使用数字）

续表

标签	功能
<table height=高度>...</table>	指定表格的高度大小（使用数字）
<td colspan=参数>...</td>	指定储存格合并栏的栏数（使用数字）
<td rowspan=参数>...</td>	指定储存格合并列的列数（使用数字）

表A-7 分割窗口

标签	功能
<frameset cols="20%,*">	左右分割，将左边框架分割大小为20%右边框架的大小浏览器会自动调整
<frameset rows="20%,*">	上下分割，将上面框架分割大小为20%下面框架的大小浏览器会自动调整
<frameset cols="20%,*">	分割左右两个框架
<frameset cols="20%,*,20%">	分割左中右三个框架
<frameset rows="20%,*,20%">	分割上中下三个框架
<!--...-->	批注
<A HREF TARGET>	指定超级链接的分割窗口
<A HREF=#锚的名称>	指定锚名称的超级链接
<A HREF>	指定超级链接
<A NAME=锚的名称>	被连结点的名称
<ADDRESS>....</ADDRESS>	用来显示电子邮箱地址
<B>	粗体字
<BASE TARGET>	指定超级链接的分割窗口
<BASEFONT SIZE>	更改预设字形大小
<BGSOUND SRC>	加入背景音乐
<BIG>	显示大字体
<BLINK>	闪烁的文字
<BODY TEXT LINK VLINK>	设定文字颜色
<BODY>	显示本文

	换行
<CAPTION ALIGN>	设定表格标题位置
<CAPTION>...</CAPTION>	为表格加上标题
<CENTER>	向中对齐
<CITE>...</CITE>	定义用斜体显示标明引文
<CODE>...</CODE>	用于列出一段程序代码
<COMMENT>...</COMMENT>	加上批注
<DD>	设定定义列表的项目解说
<DFN>...</DFN>	显示"定义"文字
<DIR>...</DIR>	列表文字卷标
<DL>...</DL>	设定定义列表的卷标
<DT>	设定定义列表的项目
<EM>	强调之用

以下标记用于为HTML文档提供基本结构。

表B-1　ADOX 集合

集合	说明
Columns	包含表、索引或关键字的所有Column对象
Groups	包含目录或用户的所有存储Group对象
Indexes	包含表的所有Index对象
Keys	包含表的所有Key对象
Procedures	包含目录的所有Procedure对象
Tables	包含目录的所有Table对象
Users	包含目录或组的所有存储User对象
Views	包含目录的所有View对象

表B-2　ADOX方法

方法	说明
Append（Columns）	将新的Column对象添加到Columns集合
Append（Groups）	将新的Group对象添加到Groups集合
Append（Indexes）	将新的Index对象添加到Indexes集合
Append（Keys）	将新的Key对象添加到Keys集合
Append（Procedures）	将新的Procedure对象添加到Procedures集合
Append（Tables）	将新的Table对象添加到Tables集合
Append（Users）	将新的User对象添加到Users集合
Append（Views）	将新的View对象添加到Views集合
ChangePassword	更改用户账号的密码
Create	创建新的目录
Delete	删除集合中的对象
GetObjectOwner	返回目录中对象的拥有者
GetPermissions	获得对象上组或用户的权限
Item	按名称或序号返回集合的指定成员
Refresh	更新集合中的对象，以反映针对提供者可用的和指定的对象
SetObjectOwner	指定目录中对象的拥有者
SetPermissions	设置对象上组或用户的权限

表B-3　ADOX对象

对象	说明
Catalog	包含描述数据源模式目录的集合
Column	表示表、索引或关键字的列
Group	表示在安全数据库内有访问权限的组账号
Index	表示数据库表中的索引
Key	表示数据库表中的主关键字、外部关键字或唯一关键字
Procedure	表示存储的过程
Table	表示数据库表，包括列、索引和关键字
User	表示在安全数据库内具有访问权限的用户账号
View	表示记录或虚拟表的过滤集

表B-4　ADOX属性

属性	说明
ActiveConnection	指示目录所属的ADO Connection对象
Attributes	描述列特性
Clustered	指示索引是否被分簇
Command	指定可用于创建或执行过程的ADO Command对象
Count	指示集合中的对象数量
DateCreated	指示创建对象的日期
DateModified	指示上一次更改对象的日期
DefinedSize	指示列的规定最大大小
DeleteRule	指示主关键字被删除时将执行的操作
IndexNulls	指示在索引字段中有Null值的记录是否有索引项
Name	指示对象的名称
NumericScale	指示列中数值的范围
ParentCatalog	指定表或列的父目录以便访问特定提供者的属性
Precision	指示列中数据值的最高精度
PrimaryKey	指示索引是否代表表的主关键字
RelatedColumn	指示相关表中相关列的名称（仅关键字列）
RelatedTable	指示相关表的名称
SortOrder	指示列的排序顺序（仅索引列）
Type（列）	指示列的数据类型
Type（关键字）	指示关键字的数据类型
Type（表）	指示表的类型
Unique	指示索引关键字是否必须是唯一的
UpdateRule	指示主关键字被更新时会执行的操作

表B-5　ADO对象

对象	说明
Command	定义将对数据源执行的指定命令
Connection	代表打开的与数据源的连接
DataControl (RDS)	将数据查询Recordset绑定到一个或多个控件上（如文本框、网格控件或组合框），以便在Web页上显示ADOR.Recordset数据
DataFactory (RDS Server)	实现对客户端应用程序的指定数据源进行读/写数据访问的方法
DataSpace (RDS)	创建客户端代理以便自定义位于中间层的业务对象
Error	包含与单个操作（涉及提供者）有关的数据访问错误的详细信息
Field	代表使用普通数据类型的数据的列
Parameter	代表与基于参数化查询或存储过程的Command对象相关联的参数或自变量
Property	代表由提供者定义的ADO对象的动态特性
RecordSet	代表来自基本表或命令执行结果的记录的全集任何时候，Recordset对象所指的当前记录均为集合内的单个记录

表B-6　ADO集合

集合	说明
Errors	包含为响应涉及提供者的单个错误而创建的所有Error对象
Fields	包含Recordset对象的所有Field对象
Parameters	包含Command对象的所有Parameter对象
Properties	包含指定对象实例的所有Property对象

表B-7　ADO方法

方法	说明
AddNew	创建可更新的Recordset对象的新记录
Append	将对象追加到集合中。如果集合是Fields，可以先创建新的Field对象，然后将其追加到集合中
AppendChunk	将数据追加到大型文本、二进制数据Field或Parameter对象
BeginTrans、CommitTrans和RollbackTrans	按如下方式管理Connection对象中的事务进程。 BeginTrans：开始新事务 CommitTrans：保存任何更改并结束当前事务。它也可能启动新事务 RollbackTrans：取消当前事务中所作的任何更改并结束事务。它也可能启动新事务
Cancel	取消执行挂起的、异步Execute或Open方法调用
Cancel (RDS)	取消当前运行的异步执行或获取
CancelBatch	取消挂起的批更新
CancelUpdate	取消在调用Update方法前对当前记录或新记录所作的任何更改
CancelUpdate (RDS)	放弃与指定Recordset对象关联的所有挂起更改，从而恢复上一次调用Refresh方法之后的值
Clear	删除集合中的所有对象
Clone	创建与现有Recordset对象相同的复制Recordset对象可选择指定该副本为只读
Close	关闭打开的对象及任何相关对象
CompareBookmarks	比较两个书签并返回它们相差值的说明
ConvertToString	将Recordset转换为代表记录集数据的MIME字符串
CreateObject (RDS)	创建目标业务对象的代理并返回指向它的指针
CreateParameter	使用指定属性创建新的Parameter对象
CreateRecordset (RDS)	创建未连接的空Recordset
Delete(ADO Parameters Collection)	从Parameters集合中删除对象
Delete(ADO Fields Collection)	从Fields集合删除对象
Delete(ADO Recordset)	删除当前记录或记录组
Execute(ADO Command)	执行在CommandText属性中指定的查询、SQL语句或存储过程
Execute(ADO Connection)	执行指定的查询、SQL语句、存储过程或特定提供者的文本等内容
Find	搜索Recordset中满足指定标准的记录
GetChunk	返回大型文本或二进制数据Field对象的全部或部分内容

续表

方法	说明
GetRows	将Recordset对象的多个记录恢复到数组中
GetString	将Recordset按字符串返回
Item	根据名称或序号返回集合的特定成员
Move	移动Recordset对象中当前记录的位置
MoveFirst、MoveLast、MoveNext和MovePrevious	移动到指定Recordset对象中的第一个、最后一个、下一个或前一个记录并使该记录成为当前记录
MoveFirst、MoveLast、MoveNext、MovePrevious (RDS)	移动到显示的Recordset中的第一个、最后一个、下一个或前一个记录
NextRecordset	清除当前Recordset对象并通过提前命令序列返回下一个记录集
Open(ADO Connection)	打开到数据源的连接
Open (ADO Recordset)	打开游标
OpenSchema	从提供者获取数据库模式信息
Query (RDS)	使用有效的SQL查询字符串返回Recordset
Refresh	更新集合中的对象，以便反映来自提供者的可用对象以及特定提供者的对象
Refresh (RDS)	对在Connect属性中指定的ODBC数据源进行再查询并更新搜索结果
Requery	通过重新执行对象基于的查询，更新Recordset对象中的数据
Reset(RDS)	根据指定的排序和筛选属性对客户端Recordset执行排序或筛选操作
Resync	从基本数据库刷新当前Recordset对象中的数据
Save (ADO Recordset)	将Recordset保存（持久）在文件中
Seek	搜索Recordset的索引，以便快速定位与指定值相匹配的行，并将当前行的位置更改为该行
SubmitChanges (RDS)	将本地缓存的可更新Recordset的挂起更改提交到在Connect属性中指定的ODBC数据源中
Supports	确定指定的Recordset对象是否支持特定类型的功能
Update	保存对Recordset对象的当前记录所做的所有更改
UpdateBatch	将所有挂起的批更新写入磁盘

表B-8　ADO事件

事件	说明
BeginTransComplete、CommitTransComplete和RollbackTransComplete(Connection Event) 方法	以下Event处理方法将在Connection对象的关联操作执行完成后调用 BeginTransComplete：在BeginTrans操作后调用 CommitTransComplete：在CommitTrans操作后调用 RollbackTransComplete：在RollbackTrans操作后调用
ConnectComplete和Disconnect(Connection Event)方法	在连接开始后调用ConnectComplete方法 在连接结束后调用Disconnect方法
EndOfRecordset (RecordsetEvent)方法	当试图移动到超过Recordset末尾行时，调用EndOfRecordset方法

续表

事件	说明
ExecuteComplete (Connection Event) 方法	命令执行完成之后，调用ExecuteComplete方法
FetchComplete (RecordsetEvent)方法	在长异步操作中，所有记录已经被恢复（获取）到Recordset之后，调用FetchComplete方法
FetchProgress (Recordset Event)方法	在长异步操作期间定期调用FetchProgress方法，以便报告当前有多少行已经被恢复（获取）到Recordset中
InfoMessage (Connection Event)方法	在ConnectionEvent操作期间一旦出现警告，则调用InfoMessage方法
onError (Event) 方法 (RDS)	在操作期间一旦发生错误，则调用onError方法
onReadyStateChange (Event)方法(RDS)	一旦ReadyState属性的值发生更改，则调用该方法
WillChangeField和FieldChangeComplete (RecordsetEvent)方法	在挂起操作更改Recordset中一个或多个Field对象的值之前，调用WillChangeField方法 在挂起操作更改一个或多个Field对象的值之后，调用FieldChangeComplete方法
WillChangeRecord和RecordChangeComplete (RecordsetEvent)方法	在Recordset中一个或多个记录（行）发生更改之前，调用WillChangeRecord方法 在一个或多个记录发生更改之后，调用RecordChangeComplete方法
WillChangeRecordset和RecordsetChangeComplete (RecordsetEvent)方法	在挂起操作更改Recordset之前，调用WillChangeRecordset方法 在Recordset已经更改之后，调用RecordsetChangeComplete方法
WillConnect (ConnectionEvent) 方法	在连接开始之前，调用WillConnect方法，在挂起连接中使用的参数作为输入参数提供，并可以在方法返回之前更改该方法可以返回取消挂起连接的请求
WillExecute (ConnectionEvent)方法	在对该连接执行挂起命令之前调用WillExecute方法，使用户能够检查和修改挂起执行的参数该方法可以返回取消挂起连接的请求
WillMove和MoveComplete (RecordsetEvent)方法	在挂起操作更改Recordset中的当前位置之前，调用WillMove方法 Recordset中的当前位置发生更改之后，调用MoveComplete方法

表B-9　ADO属性

属性	说明
AbsolutePage	指定当前记录所在的页
AbsolutePosition	指定Recordset对象当前记录的序号位置
ActiveCommand	指示创建关联的Recordset对象的Command对象
ActiveConnection	指示指定的Command或Recordset对象当前所属的Connection对象
ActualSize	指示字段的值的实际长度
Attributes	指示对象的一项或多项特性
BOF和EOF	BOF指示当前记录位置位于Recordset对象的第一个记录之前，EOF指示当前记录位置位于Recordset对象的最后一个记录之后
Bookmark	返回唯一标识Recordset对象中当前记录的书签，或者将Recordset对象的当前记录设置为由有效书签所标识的记录
CacheSize	指示缓存在本地内存中的Recordset对象的记录数
CommandText	包含要根据提供者发送的命令文本

续表

属性	说明
CommandTimeout	指示在终止尝试和产生错误之前执行命令期间需等待的时间
CommandType	指示Command对象的类型
Connect	设置或返回对其运行查询和更新操作的数据库名称
ConnectionString	包含用于建立连接数据源的信息
ConnectionTimeout	指示在终止尝试和产生错误前建立连接期间所等待的时间
Count	指示集合中对象的数目
CursorLocation	设置或返回游标服务的位置
CursorType	指示在Recordset对象中使用的游标类型
DataMember	指定要从DataSource属性所引用的对象中检索的数据成员的名称
DataSource	指定所包含的数据将被表示为Recordset对象的对象
DefaultDatabase	指示Connection对象的默认数据库
DefinedSize	指示Field对象所定义的大小
Description	描述Error对象
Direction	指示Parameter表示的是输入参数、输出参数，还是既是输出又是输入参数，或该参数是否为存储过程返回的值
EditMode	指示当前记录的编辑状态
ExecuteOptions (RDS)	指示是否启用异步执行
FetchOptions	设置或返回异步获取的类型
Filter	指示Recordset的数据筛选条件
FilterColumn (RDS)	设置或返回计算筛选条件的列
FilterCriterion (RDS)	设置或返回在筛选值中使用的计算操作符
FilterValue (RDS)	设置或返回用于筛选记录的值
HelpContext和HelpFile	指示与Error对象关联的帮助文件和主题 HelpContextID：返回帮助文件中主题的按长整型值返回的上下文ID HelpFile：返回字符串，用于计算帮助文件的完整分解路径
Index	指示对Recordset对象当前生效的索引的名称
InternetTimeout (RDS)	指示请求超时前将等待的毫秒数
IsolationLevel	指示Connection对象的隔离级别
LockType	指示编辑过程中对记录使用的锁定类型
MarshalOptions	指示要被调度返回服务器的记录
MaxRecords	指示通过查询返回Recordset的记录的最大数目
Mode	指示用于更改Connection中数据的可用权限
Name	指示对象的名称
NativeError	指示针对给定Error对象的特定提供者的错误代码
Number	指示用于唯一标识Error对象的数字

续表

属性	说明
NumericScale	指示Parameter或Field对象中数字值的范围
Optimize	指示是否应该在该字段上创建索引
OriginalValue	指示发生任何更改前已在记录中存在的Field的值
PageCount	指示Recordset对象包含的数据页数
PageSize	指示Recordset中一页所包含的记录数
Precision	指示在Parameter对象中数字值或数字Field对象的精度
Prepared	指示执行前是否保存命令的编译版本
Provider	指示Connection对象提供者的名称
RecordCount	指示Recordset对象中记录的当前数目
RecordsetandSourceRecordset(RDS)	指示从自定义业务对象中返回的ADOR.Recordset对象
ReadyState(RDS)	在RDS.DataControl对象获取数据到它的Recordset对象中时反映其进度
Server (RDS)	设置或返回Internet Information Server (IIS)名称和通信协议
Size	指示Parameter对象的最大值（按字节或字符）
Sort	指定一个或多个Recordset以之排序的字段名，并指定按升序还是降序对字段进行排序
SortColulmn (RDS)	设置或返回记录排序的列
SortDirection (RDS)	设置或返回用于指示排序顺序是升序还是降序的布尔型值
Source (ADO Error)	指示产生错误的原始对象或应用程序的名称
Source (ADO Recordset)	指示Recordset对象（Command对象、SQL语句、表的名称或存储过程）中数据的来源
SQL (RDS)	设置或返回用于检索Recordset的查询字符串
SQLState	指示给定Error对象的SQL状态
State	对所有可应用对象，说明其对象状态是打开或是关闭；对执行异步方法的Recordset对象，说明当前的对象状态是连接、执行或是获取
Status	指示有关批更新或其他大量操作的当前记录的状态
StayInSync	在分级Recordset对象中，指示当父行位置更改时，对基本子记录（即子集）的引用是否更改
Type	指示Parameter、Field或Property对象的操作类型或数据类型
UnderlyingValue	指示数据库中Field对象的当前值
Value	指示赋给Field、Parameter或Property对象的值
Version	指示ADO版本号

表C-1　JavaScript 函数

描述	语言要素
返回文件中的Automation对象的引用	GetObject函数
返回代表所使用的脚本语言的字符串	ScriptEngine函数
返回所使用的脚本引擎的编译版本号	ScriptEngineBuildVersion函数
返回所使用的脚本引擎的主版本号	ScriptEngineMajorVersion函数
返回所使用的脚本引擎的次版本号	ScriptEngineMinorVersion函数

表C-2　JavaScript 方法

描述	语言要素
返回一个数的绝对值	abs方法
返回一个数的反余弦	acos方法
在对象的指定文本两端加上一个带name属性的HTML锚点	anchor方法
返回一个数的反正弦	asin方法
返回一个数的反正切	atan方法
返回从X轴到点（y, x）的角度（以弧度为单位）	atan2方法
返回一个表明枚举算子是否处于集合结束处的Boolean值	atEnd方法
在String对象的文本两端加入HTML的\<big\>标识	big方法
将HTML的\<Blink\>标识添加到String对象中的文本两端	blink方法
将HTML的\<B\>标识添加到String对象中的文本两端	bold方法
返回大于或等于其数值参数的最小整数	ceil方法
返回位于指定索引位置的字符	charAt方法
返回指定字符的Unicode编码	charCodeAt方法
将一个正则表达式编译为内部格式	compile方法
返回一个由两个数组合并组成的新数组	concat方法（Array）
返回一个包含给定的两个字符串的连接的String对象	concat方法（String）
返回一个数的余弦	cos方法
返回VBArray的维数	dimensions方法
对String对象编码，以便在所有计算机上都能阅读	escape方法
对JavaScript代码求值，然后执行之	eval方法
在指定字符串中执行一个匹配查找	exec方法
返回e（自然对数的底）的幂	exp方法
将HTML的\<TT\>标识添加到String对象中的文本两端	fixed方法
返回小于或等于其数值参数的最大整数	floor方法
将HTML带Color属性的\<Font\>标识添加到String对象中的文本两端	fontcolor方法
将HTML带Size属性的\<Font\>标识添加到String对象中的文本两端	fontsize方法
返回Unicode字符值的字符串	fromCharCode方法
使用当地时间返回Date对象的月份日期值	getDate方法
使用当地时间返回Date对象的星期几	getDay方法
使用当地时间返回Date对象的年份	getFullYear方法

描述	语言要素
使用当地时间返回Date对象的小时值	getHours方法
返回位于指定位置的项	getItem方法
使用当地时间返回Date对象的毫秒值	getMilliseconds方法
使用当地时间返回Date对象的分钟值	getMinutes方法
使用当地时间返回Date对象的月份	getMonth方法
使用当地时间返回Date对象的秒数	getSeconds方法
返回Date对象中的时间	getTime方法
返回主机的时间和全球标准时间（UTC）之间的差（以分钟为单位）	getTimezoneOffset方法
使用全球标准时间（UTC）返回Date对象的日期值	getUTCDate方法
使用全球标准时间（UTC）返回Date对象的星期几	getUTCDay方法
使用全球标准时间（UTC）返回Date对象的年份	getUTCFullYear方法
使用全球标准时间（UTC）返回Date对象的小时数	getUTCHours方法
使用全球标准时间（UTC）返回Date对象的毫秒数	getUTCMilliseconds方法
使用全球标准时间（UTC）返回Date对象的分钟数	getUTCMinutes方法
使用全球标准时间（UTC）返回Date对象的月份值	getUTCMonth方法
使用全球标准时间（UTC）返回Date对象的秒数	getUTCSeconds方法
返回Date对象中的VT_DATE	getVarDate方法
返回Date对象中的年份	getYear方法
返回在String对象中第一次出现子字符串的字符位置	indexOf方法
返回一个Boolean值，表明某个给定的数是否是有穷的	isFinite方法
返回一个Boolean值，表明某个值是否为保留值NaN（不是一个数）	isNaN方法
将HTML的<I>标识添加到String对象中的文本两端	italics方法
返回集合中的当前项	item方法
返回一个由数组中的所有元素连接在一起的String对象	join方法
返回在String对象中子字符串最后出现的位置	lastIndexOf方法
返回在VBArray中指定维数所用的最小索引值	lbound方法
将带HREF属性的HTML锚点添加到 String 对象中的文本两端	link方法
返回某个数的自然对数	log方法
使用给定的正则表达式对象对字符串进行查找，并将结果作为数组返回	match方法
返回给定的两个表达式中的较大者	max方法
返回给定的两个数中的较小者	min方法
将集合中的当前项设置为第一项	moveFirst方法
将当前项设置为集合中的下一项	moveNext方法
对包含日期的字符串进行分析，并返回该日期与1970年1月1日零点之间相差的毫秒数	parse方法
返回从字符串转换而来的浮点数	parseFloat方法
返回从字符串转换而来的整数	parseInt方法
返回一个指定幂次的底表达式的值	pow方法

描述	语言要素
返回一个0和1之间的伪随机数	random方法
返回根据正则表达式进行文字替换后的字符串的拷贝	replace方法
返回一个元素反序的Array对象	reverse方法
将一个指定的数值表达式舍入到最近的整数并将其返回	round方法
返回与正则表达式查找内容匹配的第一个子字符串的位置	search方法
使用当地时间设置Date对象的数值日期	setDate方法
使用当地时间设置Date对象的年份	setFullYear方法
使用当地时间设置Date对象的小时值	setHours方法
使用当地时间设置Date对象的毫秒值	setMilliseconds方法
使用当地时间设置Date对象的分钟值	setMinutes方法
使用当地时间设置Date对象的月份	setMonth方法
使用当地时间设置Date对象的秒值	setSeconds方法
设置Date对象的日期和时间	setTime方法
使用全球标准时间（UTC）设置Date对象的数值日期	setUTCDate方法
使用全球标准时间（UTC）设置Date对象的年份	setUTCFullYear方法
使用全球标准时间（UTC）设置Date对象的小时值	setUTCHours方法
使用全球标准时间（UTC）设置Date对象的毫秒值	setUTCMilliseconds方法
使用全球标准时间（UTC）设置Date对象的分钟值	setUTCMinutes方法
使用全球标准时间（UTC）设置Date对象的月份	setUTCMonth方法
使用全球标准时间（UTC）设置Date对象的秒值	setUTCSeconds方法
使用Date对象的年份	setYear方法
返回一个数的正弦	sin方法
返回数组的一个片段	slice方法（Array）
返回字符串的一个片段	Slice方法（String）
将HTML的<SMALL>标识添加到String对象中的文本两端	small方法
返回一个元素被排序了的Array对象	sort方法
将一个字符串分割为子字符串，然后将结果作为字符串数组返回	split方法
返回一个数的平方根	sqrt方法
将HTML的<STRIKE>标识添加到String对象中的文本两端	strike方法
将HTML的<SUB>标识放置到String对象中的文本两端	Sub方法
返回一个从指定位置开始并具有指定长度的子字符串	substr方法
返回位于String对象中指定位置的子字符串	substring方法
将HTML的<SUP>标识放置到String对象中的文本两端	sup方法
返回一个数的正切	tan方法
返回一个Boolean值，表明在被查找的字符串中是否存在某个模式	test方法
返回一个从VBArray转换而来的标准JavaScript数组	toArray方法
返回一个转换为使用格林威治标准时间（GMT）的字符串的日期	toGMTString方法
返回一个转换为使用当地时间的字符串的日期	toLocaleString方法

续表

描述	语言要素
返回一个所有的字母字符都被转换为小写字母的字符串	toLowerCase方法
返回一个对象的字符串表示	toString方法
返回一个所有的字母字符都被转换为大写字母的字符串	toUpperCase方法
返回一个转换为使用全球标准时间（UTC）的字符串的日期	toUTCString方法
返回在VBArray的指定维中所使用的最大索引值	ubound方法
对用escape方法编码的String对象进行解码	unescape方法
返回1970年1月1日零点的全球标准时间（UTC）或（GMT）与指定日期之间的毫秒数	UTC方法
返回指定对象的原始值	valueOf方法

表C-3 JavaScript 对象

描述	语言要素
启用并返回一个Automation对象的引用	ActiveXObject对象
提供对创建任何数据类型的数组的支持	Array对象
创建一个新的Boolean值	Boolean对象
提供日期和时间的基本存储和检索	Date对象
存储数据键和项目对的对象	Dictionary对象
提供集合中的项的枚举	Enumerator对象
包含在运行JavaScript代码时发生的错误的有关信息	Error对象
提供对计算机文件系统的访问	FileSystemObject对象
创建一个新的函数	Function对象
一个内部对象，目的是将全局方法集中在一个对象中	Global对象
一个内部对象，提供基本的数学函数和常数	Math对象
表示数值数据类型和提供数值常数的对象	Number对象
提供所有的JavaScript对象的公共功能	Object对象
存储有关正则表达式模式查找的信息	RegExp对象
包含一个正则表达式模式	正则表达式对象
提供对文本字符串的操作和格式处理，判定在字符串中是否存在某个子字符串及确定其位置	String对象
提供对VisualBasic安全数组的访问	VBArray对象

表C-4 JavaScript运算符

描述	语言要素
将两个数相加或连接两个字符串	加法运算符（+）
将一个值赋给变量	赋值运算符（=）
对两个表达式执行按位与操作	按位与运算符（&）
将一个表达式的各位向左移	按位左移运算符（<<）
对一个表达式执行按位取非（求非）操作	按位取非运算符（~）
对两个表达式指定按位或操作	按位或运算符（|）
将一个表达式的各位向右移，保持符号不变	按位右移运算符（>>）
对两个表达式执行按位异或操作	按位异或运算符（^）

续表

描述	语言要素
使两个表达式连续执行	逗号运算符（,）
返回Boolean值，表示比较结果	比较运算符
复合赋值运算符列表	复合赋值运算符
根据条件执行两个表达式之一	条件（三元）运算符（?:）
将变量减一	递减运算符（--）
删除对象的属性，或删除数组中的一个元素	delete运算符
将两个数相除并返回一个数值结果	除法运算符（/）
比较两个表达式，看是否相等	相等运算符（==）
比较两个表达式，看一个是否大于另一个	大于运算符（>）
比较两个表达式，看是否一个小于另一个	小于运算符（<）
比较两个表达式，看是否一个小于等于另一个	小于等于运算符（<=）
对两个表达式执行逻辑与操作	逻辑与运算符（&&）
对表达式执行逻辑非操作	逻辑非运算符（!）
对两个表达式执行逻辑或操作	逻辑或运算符（||）
将两个数相除，并返回余数	取模运算符（%）
将两个数相乘	乘法运算符（*）
创建一个新对象	new运算符
比较两个表达式，看是否具有不相等的值或数据类型不同	非严格相等运算符（!==）
包含JavaScript运算符的执行优先级信息的列表	运算符优先级
对两个表达式执行减法操作	减法运算符（-）
返回一个表示表达式的数据类型的字符串	typeof运算符
表示一个数值表达式的相反数	一元取相反数运算符（-）
在表达式中对各位进行无符号右移	无符号右移运算符（>>>）
避免一个表达式返回值	void运算符

表C-5　JavaScript属性

描述	语言要素
返回在模式匹配中找到的最近的9条记录	$1...$9Properties
返回一个包含传递给当前执行函数的每个参数的数组	arguments属性
返回调用当前函数的函数引用	caller属性
指定创建对象的函数	constructor属性
返回或设置关于指定错误的描述字符串	description属性
返回Euler常数，即自然对数的底	E属性
返回在字符串中找到的第一个成功匹配的字符位置	index属性
返回number.positiue_infinity的初始值	Infinity属性
返回进行查找的字符串	input属性
返回在字符串中找到的最后一个成功匹配的字符位置	lastIndex属性
返回比数组中定义的最高元素大1的一个整数	length属性（Array）
返回为函数定义的参数个数	length属性（Function）
返回String对象的长度	length属性（String）
返回2的自然对数	LN2属性

描述	语言要素
返回10的自然对数	LN10属性
返回以2为底的e（即Euler常数）的对数	LOG2E属性
返回以10为底的e（即Euler常数）的对数	LOG10E属性
返回在JavaScript中能表示的最大值	Max_value属性
返回在JavaScript中能表示的最接近零的值	Min_value属性
返回特殊值NaN，表示某个表达式不是一个数	NaN属性（Global）
返回特殊值（NaN），表示某个表达式不是一个数	NaN属性（Number）
返回比在JavaScript中能表示的最大的负数（-Number.MAX_VALUE）更负的值	Negatiue_infinity属性
返回或设置与特定错误关联的数值	Number属性
返回圆周与其直径的比值，约等于3.141592653589793	PI属性
返回比在JavaScript中能表示的最大的数（Number.MAX_VALUE）更大的值	Positive_infinity属性
返回对象类的原型引用	Prototype属性
返回正则表达式模式的文本的拷贝	source属性
返回0.5的平方根，即1除以2的平方根	Sqrt1_2属性
返回2的平方根	Sqrt2属性

表C-6　JavaScript语句

描述	语言要素
终止当前循环，或者如果与一个label语句关联，则终止相关联的语句	break语句
包含在try语句块中的代码发生错误时执行的语句	catch语句
激活条件编译支持	@cc_on语句
使单行注释被JavaScript语法分析器忽略	//（单行注释语句）
使多行注释被JavaScript语法分析器忽略	/*..*/（多行注释语句）
停止循环的当前迭代，并开始一次新的迭代	continue语句
先执行一次语句块，然后重复执行该循环，直至条件表达式的值为false	do…while语句
只要指定的条件为true，就一直执行语句块	for语句
对应于对象或数组中的每个元素执行一个或多个语句	for…in语句
声明一个新的函数	function语句
根据表达式的值，有条件地执行一组语句	@if语句
根据表达式的值，有条件地执行一组语句	if…else语句
给语句提供一个标识符	Labeled语句
从当前函数退出并从该函数返回一个值	return语句
创建用于条件编译语句的变量	@set语句
当指定的表达式的值与某个标签匹配时，即执行相应的一个或多个语句	switch语句
对当前对象的引用	this语句
产生一个可由try…catch语句处理的错误条件	throw语句
实现JavaScript的错误处理	try语句
声明一个变量	var语句
执行语句直至给定的条件为false	while语句
确定一个语句的默认对象	with语句